新・動物の「食」に学ぶ

西田利貞

KYOTO UNIVERSITY PRESS

学術選書 037

京都大学学術出版会

チンパンジーが小さい果実をまとめてたくさん口に入れてかみしだいている。小さい果実でも鈴なりであれば、大型動物も食べて種子を運んでくれる。(撮影／西田利貞、第１章１節)

アブラヤシの実。マーガリンの原料になる。地域間でチンパンジーの食べ方に、“文化”の違いが大きく表われる。(え／松本剛、第１章５節)

ボアカンガの実。チンパンジーに食べてもらうために果皮が極端に厚く進化したと考えられる。下は熟して、チンパンジーにかじられた実。（撮影／稲葉あぐみ［上］、西田利貞［下］、第2章3節）

魔法の果実、ミラクルフルーツ。口に含むとすっぱいものが甘ずっぱく感じられる奇妙な効果を持つ。（日本新薬・山科植物資料館で栽培されているもの。撮影／西 豊行、第3章1節）

ギムネマ・シルベストル。甘味をまったく感じさせなくするギムネマ酸を含む。(撮影／西 豊行、第3章1、2節)

ペンタデイプランドラ。甘味物質であるたんぱく質、ペンタデインを含んでいる。(え／松本剛、第3章1節)

ベルノニアの葉と花。駆虫剤のような効果を持つベルノニオサイドB_1をはじめとした生理活性物質を含んでいる。(え／上原茂世、第4章4節)

アスピリアの葉と花。チンパンジーのアスピリアの葉を呑み込む行動から、この葉を虫下しに利用している可能性が出てきた。(え／上原茂世、第4章3節)

年寄りの雌のチンパンジーが第１位の雄の口からサトウキビ片をとろうとしている。チンパンジーは年寄りを尊重する。（撮影／西田利貞、第５章３節）

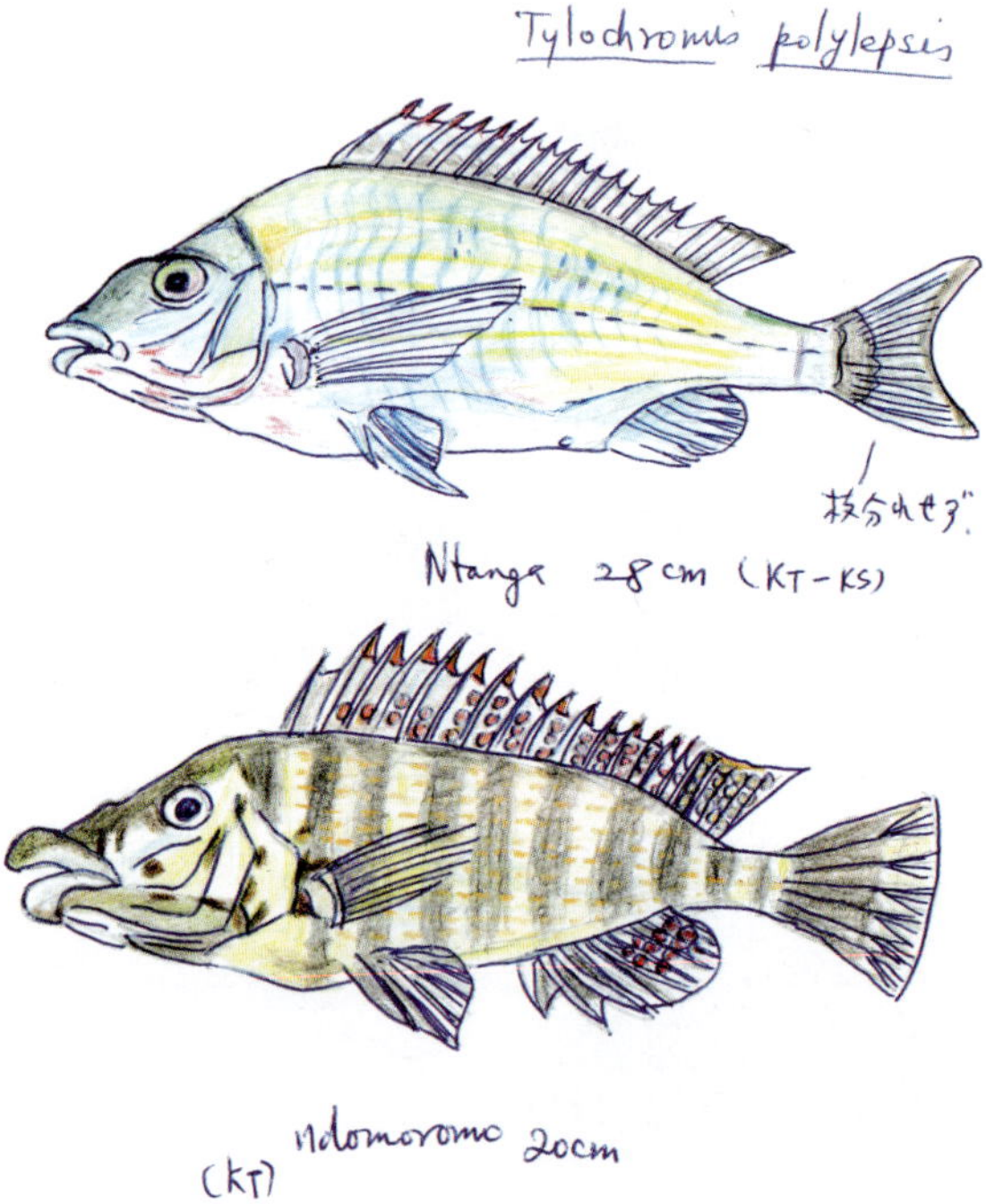

タンガニーカの魚。上：ンタンガ、下：ンドモロモ。（え／西田利貞、第６章５節）

初版の序

自然淘汰：楽しみは、どこから来たか

ショパンに「雨だれの前奏曲」というのがある。ヘンデルには「水上の音楽」がある。スメタナの「モルダウ」は、河を主題にしている。「ドナウ川のさざ波」などという題を聞くと、岸に打ち寄せる波の音が、聞こえるようである。

川トンボ滝にひたせる手の白さ

これは、私が中学一年のときに作り、先生にほめられた句である。川のせせらぎの音は、だれにも心地よく聞こえる。なぜ、水の音は快く聞こえるのだろうか。

動物が生きて子供を残すために役立つものに対して、動物の脳は「快い」と感じるようになった。

水なしには動物は生きていけない。水の少ない乾燥地の動物は、水流の音を快いと感じるようになった。

水の音を快いと感じる個体と、特にそう感じない個体がいるとしよう。前者は水源から遠く離れたとき、水の快い音を思い浮かべ、水源の場所をより容易に思い出し、のどの渇きをいやすことができるだろう。こうした個体はより多くの子供を残すと思われる。こうして、世の中には、水の音を快く感じる個体ばかりになるのである。人類の祖先たる類人猿は、乾燥したサバンナでヒト化への道を歩んだ。水への渇望はあったはずである。しかし、沼地や湿地に住む動物は水には苦労しないから、水音を快感と感じないかもしれない。

この例は、作り話である。自然淘汰説を説明するために私が作ったものである。本当かもしれないし、うそかもしれない。それでは、もっともっともらしい例をあげよう。なぜ砂糖は甘く感じられるのだろうか?

砂糖を甘いと感じる個体と、そうでない個体がいたとしよう。前者は甘さを求めて、果実、蜂蜜など砂糖を多く含んだ、より甘い植物を探そうとするだろう。一方、後者は甘さとは関係なく食べられるものを探そうとするだろう。どちらが能率よく栄養を満たせるだろうか?

いうまでもなく、甘さを感じる能力を持った個体である。甘さを感じる能力を持った個体は能率的に栄養を満たせるので、余った時間を異性を探したり、交尾したり、子供のめんどうを見る時間を増やしたりできるだろう。あるいは、歩きまわる時間が少なくてすむため、エネルギーを浪費せず、捕食される可能性も小さくなる。そうすると、砂糖を甘いと感じる個体は、そうでない個体より、平均して多くの個体を残すことになる。多くの世代が経過すると、世の中には砂糖を甘いと感じる個体ばかりになる。

たとえば、〈砂糖を甘いと感じる〉というような、個体の持つ遺伝的な特徴を、「形質」という。形質とは、形態だけでなく、感覚でも、心理でも、行動でもよい。先に述べたようにして、ある「形質」が進化すると説明するやり方を、自然淘汰（選択）説といい、チャールズ・ダーウィンが考えた仮説である。仮説ではあるが、ほかにもっとうまく進化を説明できる仮説が存在しないので、確立された定説だと考えてよい。

本書は、ヒトを含む動物と植物の間の関係について述べたものである。しかし、私の使う表現には注意を払ってほしい。「動物が砂糖を甘いと感じさせる能力を進化させた」、と私が述べるとき、それは「砂糖を甘いと感じる能力を持った個体が、自然選択された」、ということを意味するにすぎない。つまり、先に述べたような過程が進行しただろう、ということを短くいっただけである。動物が意識的に砂糖を甘く感じる能力を発達させたという意味ではない。

私は、「植物が種子を分散させるために、かたい果皮を作る」とか「果皮を作るくふうをする」とか書くが、植物に意志や計画があると私が考えているわけではない。これは、自然淘汰の結果、そういうことになるという意味である。

生物学の用語を使って、説明しよう。「植物は果実がかびにやられないように果皮をかたくする」と書いたとき、これは

◆果皮のかたさ（形質）には遺伝的な（生まれつきの）変異がある（それが自然淘汰を受けるための材料である）、

◆少しでもかたい果皮を持った個体は、かびにやられにくい、だから、よりかたい果皮を持った植物は、やわらかい果皮を持った個体よりも、脊椎動物に食べられる可能性が高く、種子を分散されやすい（淘汰利益、あるいは淘汰価値）、

◆それゆえ、より多くの子供を残す可能性が高い、

といっているのである。

ダーウィンという名前も、自然淘汰説という用語も聞いたことがない、という人は少ないだろう。しかし、大学生で実際にどんなことかちゃんと理解している人は意外なほど少ない。大学院の入試でさえ、「自然淘汰説とはなにか」という問題に正確に答えられる学生は半分に満たない。

これはおかしなことだ。この地球上に住む私たちにとって最も重要な現象は光合成であり、そして、人間が作った最も重要な生物学理論は、自然淘汰説であるからである。

動物の「食べる」という行動は、動物の生活の基本である。そこには、人間の好奇心を刺激するお

もしろい話題がいくつもある。私がとり上げることのできるのは、広大な領域のほんの一部にすぎないが、読者がこれを読んで、新たな問題に目を向けていただくようになれば幸いである。

二〇〇一年四月

また、めぐってきた高野川の桜の満開をめでつつ

西田利貞

新・動物の「食」に学ぶ◉目次

新・動物の「食」に学ぶ

万物、並び育ちて、相害《あいそこな》わず
――勝海舟『氷川清話』（講談社）より

人間はいま、長い経験から学んだ
食べることの知恵を忘れつつあります。
食物を自然界で探す楽しみ、
つかみ取りする楽しみ、
畑で育てる楽しみ
収穫をする楽しみ、
料理する楽しみ、
それを家族や仲間と分け合って
食べる楽しみ

それらの知恵を忘れてしまった人間は、
さまざまな「恵み」を与えている
自然界をむやみに破壊し、

さらには自分自身の健康までも
むしばんでいます

一方、動物は本能的に備わった
食べることの知恵を生かして
食べることで自分の体を作り、
みずからの健康を保っています。
さらには、自分たちの住む自然界を維持し、
ほかの種と共存しています。

二一世紀に入った今、
動物たちの食べる行動から、
人間の本来あるべき姿を改めて考え、
自分たちの生き方を見直す必要がある
のではないでしょうか。

第1章 食を決めるもの——食物ニッチ[※]

※ニッチ（niche）……もともと、イギリスの動物生態学者チャールズ・エルトンが作った用語で、食物連鎖の中での位置を指す。「生態学的地位」ともいう。「アフリカの草原のライオンのニッチは、北極のツンドラではシロクマが占めている」というように使う。最近の定義はもっと厳密である。一つの種は、環境に対して一定の要求を持つ。たとえば、一定の幅の温度、湿度、pH、食物、などを要求する。これらをそれぞれ一つの次元とみなし、連続量として表わすとすれば、一つの種のニッチは多次元空間の中で一定の位置を占める、つまり一つの多面体で表わされることになる。

1 大きな動物の小さな食べ物

霊長類の先祖は昆虫を食べていた

ヒトを含むサルの仲間を霊長類と呼び、地球上に二四六種いる。[※1]霊長類といっても、体重わずか三〇グラムのピグミーネズミキツネザルという原猿から一八〇キログラムに達するヤマゴリラまで六〇〇〇倍もの差がある。同じ霊長類でも食べ物が違うのは当然である。

霊長類の先祖は、約五〇〇〇万年前の始新世と呼ばれる時代に、モグラやトガリネズミがそのメンバーである食虫目から進化した。つまり、昆虫こそわれわれ霊長類の最も古くからの食べ物である。昆虫は体が小さいので、昆虫だけを食べる動物は体が小さいはずである。たしかに、始新世の化石霊長類は小型だったし、彼らに形態が最も近い原猿の仲間には体が小さく昆虫を食べるものが多い。小さいものを食べる動物には小さい者が多いといえそうだ。

しかし昆虫を食べる動物、あるいは小さい生き物を食べる動物は皆小さいかというと、かならずしもそうではない。たとえば、南米のオオアリクイの体重は三〇キログラム、シロアリを食べるアフリカのツチブタは五〇キログラム以上もある。小さい昆虫を一匹ずつつかまえるのは、獲得のための投入エネルギーのほうが食物として得られるエネルギーよりはるかに大きくなるので、意味がない。オオアリクイなどの秘密はどこにあるのだろうか？

小さくても一度にたくさんとれればよい

体の大きい動物が小型の食物をとる場合、一度にたくさんとれる種類に限るのである。コロニーを作るアリやシロアリは、一個体は微小でも一度にたくさん入手できるので、アリクイもツチブタもうまく生存できるのだ。ただし、巣を掘り起こす強力な爪などを持っているから可能なのである。チンパンジーは強力な爪を持たないが、社会性昆虫をつかまえる道具を持っている。釣り棒を使ってアリやシロアリの兵士を一度に数匹から一〇匹くらいはつかまえる。爪も道具も持たない動物にも社会性昆虫を食べるチャンスがある。ここでいうチャンスとは、投入エネルギーに見合うだけの収穫が確保できるということであって、単に物理的につかまえることができるということではない。それは、女王アリや王アリなどの羽アリ、つまり羽の生えた生殖型が飛び出す時期である。シロアリの羽アリが

チンパンジーが釣り棒を使ってオオアリの兵隊を釣っている。(撮影/西田利貞)

女性がシロアリの塚から兵隊アリを釣っている。コンゴ民主共和国赤道州にて。(撮影/西田利貞)

飛び出すのは、時期も時間も限られており、大群が一度に現われる。このときは、ヒトもチンパンジーもヒヒもさまざまな鳥もやってきて食べようとする。生殖型は「労働者」や「兵士」と比べて栄養価がきわめて高く、たんぱく質、脂質とも豊富である。だから、投入エネルギーに比べて、獲得できるエネルギーが高くなるのである。

こうして見ると、大きな動物が小さな生き物を食べるときは、なんらかの条件が必要であることがわかる。ヒゲクジラはプランクトンを海水ごと口に入れてクジラヒゲで濾して食べる。クジラヒゲという装備が必要なのである。ゲラダヒヒはイネ科の種子を手でしごいて一度にたくさん口に入れる。人間はもっと知能的であり、イネやムギを鎌で刈りとり、器具や機械を使って脱穀し、袋などで運搬する。これらは、大きな動物が小さなものを食べるときのくふうなのである。

果肉の出現

さて昆虫を食べていた霊長類の祖先は樹上性を獲得した。昆虫には花密を食べるのも、樹液を飲むのもいる。霊長類は、こうして食性を広げ、花密や樹液を食べるものが出てきた。植物は最初は種子を果皮でおおっただけの果実を生産していた。種子を果皮でおおったのは種子を昆虫や菌に襲われない工夫である。種子と果皮だけの果実は自然に落下したり風に飛ばされたりして種子を増やすだけだった。そこに甘い果肉をわずかにつけた果実が突然変異で現われた。これは鳥や古代の霊長類に食

サバンナモンキー。果食性のサル。葉食だったサル類の中から果実を食べる種類が現われた。（撮影／西田利貞）

べられ、種子が少し遠くまで運ばれた。この変わり種は果肉を食べられたおかげで、種子を果皮でおおっただけの仲間より、生息範囲を広げることができた。より甘く、より果肉の多い果実が増えていき、三〇〇〇万年前ごろ（漸新世）までには果実を中心的な食物とする霊長類が現われた。

※1　原猿……霊長類の二つの大きなグループの一つで、原猿亜目のサルのこと。マダガスカル島に住むキツネザル下目、アフリカとアジアに住むロリス下目、アジアに住むメガネザル下目からなる。小型で夜行性の種が多い。

2 大きなサルと小さなサル――体の大きさと食性

食の変化は進化の過程

漸新世と呼ばれる三〇〇〇万年前ごろまでには、より大型で昼行性であり、昆虫でなく果実を主食とする霊長類が原猿から進化した。「真猿類」※が出現したのである。果実中心の霊長類は、エネルギーは果実から、たんぱく質は昆虫からとっていた。彼らは、「原類人猿」（原始的類人猿）とでも呼べばよい。そのうち、たんぱく質が豊富で繊維が相対的に少ない芽や若葉も少しは食べ始めたであろう。漸新世の原類人猿の代表としては、エジプトのファユーム遺跡から出土するエジプトピテクスという化石があげられる。

二五〇〇万年ごろから五〇〇〇万年前の中新世は、類人猿※2が繁栄した時代だった。中新世は気温が低下し乾燥が始まった時代であり、森林が後退し、イネ科草原や乾燥疎開林が生まれた。若葉を食べ出した霊長類の一部は、葉をもっと利用するという採食戦略をとることにより、このより乾燥した植生帯に進出した。これが、現在「旧世界のサル」と呼ばれる霊長類のグループの先祖だった。乾燥疎開林では熱帯雨林より果実の生産は少なかった。だから木の葉を食物として利用できる個体は有利だった。しかし、葉は光合成を行なう工場であるため、植物はほかの生き物に葉を食べられないように有毒物を生産するようになった（第4章-第1節参照）。その一方、霊長類の一部はそれを解毒する能力を獲得したのである。

類人猿は森の中に住み続け、有力な解毒能力を身につけることもなく、果実中心の伝統を受け継いでいった。こうして、原猿、類人猿、サルが、それぞれ昆虫食、果実食、葉食の生態的地位を占めるに至った。葉食のサルから再び果実食のサルが進化してくるのは、もっとあとの時代である。

さて、昆虫中心から果実や葉に食性を変えるとともに、霊長類の体格は大きくなった。霊長類というのは、体のサイズには極端な相違があるグループである。最大のゴリラは、最小のピグミーネズミキツネザルの六〇〇〇倍もの違いがある（本章-第1節参照）。大きな動物は、体重のわりには体表面積が小さい。熱の喪失は体表面積に比例するので、大型動物は体表から熱を失う割合が低い。つまり、彼らは熱効率がよいのである。これは、大きな体の動物は小さい動物より、絶対量はもちろんたくさん食べなければならないが、体重のわりには少食ですむことを意味する。

この単純だが、非常に重要な関係から、動物の食生活のかなりのことを推測できる。たとえば、「体の小さい動物は、栄養価の高い食物をとる」、という法則である。栄養価の高い食物とは、動物性の食物や植物なら果実や種子や花の蜜である。小鳥は、昆虫や蜜や果実、種子などを好むことを思い起こせばよい。これを裏返せば、「栄養価の低い食物をとる動物は体が大きい」という法則である。たとえばイネ科の茎や木の葉をおもな食事にしている哺乳類といえば、シマウマ、サイ、ワイルドビースト、バッファロー、イボイノシシ、キリン、ゾウ、ゲラダヒヒなどで、どれも体は大きい。[※3]

しかし、「逆は真ならず」で、大きい動物は皆粗食というわけではない。ライオン、トラ、ヒグマ、どれも動物食だが体が大きい。捕食するには体が大きいほうが有利だからである。だから、体の大きさと食性の関係を追究するには、近縁の動物を比較するのがよい。つまり近縁動物なら食物の嗜好を共有しているのが普通だから、彼らの間で粗食にどれくらい耐えられるかを比較できるのである。

大きなサルと小さなサル

霊長類各種の体重と食性の関係は図1-1のようになる。体重の大きいほう、つまり右のほうに葉食性のサルが並び、左の軽いほうに昆虫食のサルが来る。そして、果実食のサルは中央に来ることがわかる。いうまでもなく、昆虫が最もエネルギーが高く、ついで果実であり、葉は最も低い。体の大きい動物は粗食に耐えるという法則がみごとに貫かれていることがわかるだろう。

近縁の霊長類をこういう面から比較してみよう。フクロテナガザルも同属のテナガザルも果実と葉がおもな食べ物だが、体重が後者の二倍近いフクロテナガザルのほうが葉をより多く食べる。テイチゴリラは果実中心の食性だが、その一・三倍の体重のあるヤマゴリラの食物はタケノコ、セロリなど繊維性のものが中心である。変わったところでは、マダガスカルのバンブーキツネザルという原猿の

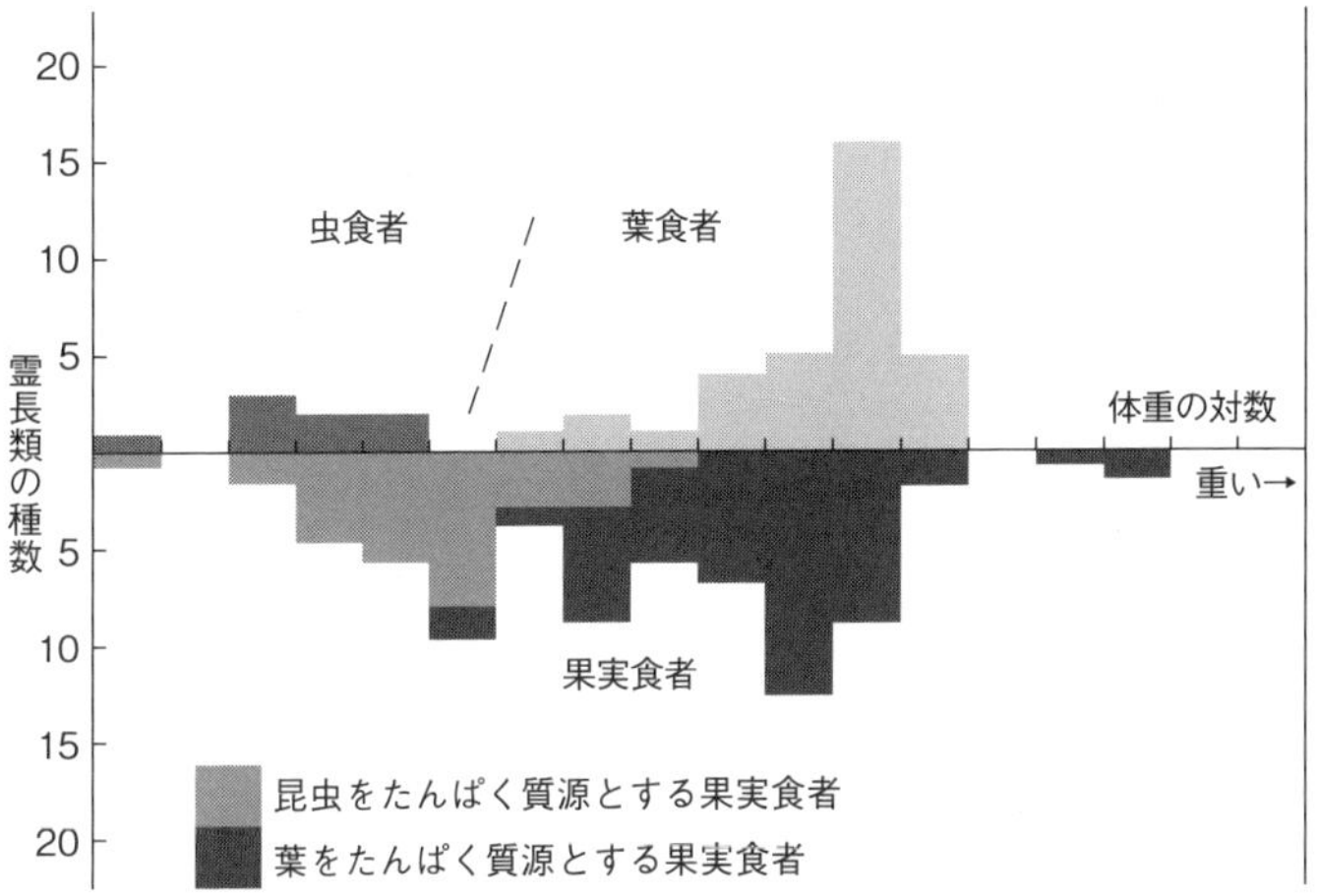

図1-1●霊長類各種の体重と食性の関係。霊長類の各種を虫食者、果実食者、葉食者に分類し、さらに果実食者はたんぱく質源として昆虫を食べる種と葉を食べる種に分類した。縦軸は種数を示し、横軸は体重を示す。この図から、体の大きい種は葉食者か、葉をたんぱく質源とする果実食であり、体の小さい種は虫食者か、昆虫をたんぱく質源とする果実食者であることがわかる。(リチャード・ケイの論文から)

仲間のうち、小さいほうのショウバンブーキツネザルは、萌え出たばかりの竹葉の基部やタケノコ、竹以外の木の若葉、小さい果実を食べる。一方、体重が三倍のオオバンブーキツネザルは、かたくて繊維質の多い竹の茎の髄を食べる。つまり、同じタケでも小さい方はより栄養価の高い部分を食べる。

雄の体重が雌の二倍もあるゴリラやオランウータンでは雌雄の食性にも違いがある。どちらが粗食をしているか、ここまで読んだ読者にはおわかりだろう。

※1　真猿類……「原猿類」に対する霊長類のグループ。嗅覚より視覚が発達し、跳躍以外の移動形式をとり、昼行性で、集団を作る霊長類で、オマキザル上科、オナガザル上科、ヒト上科を含む。

※2　類人猿……真猿類、ヒト上科の霊長類のことで、脳が大きく、胴は扁平で、尾がなく、腕は長い。木の枝にぶら下がって、おもに果実を食べる。チンパンジー、ビーリヤ（ボノボ）、ゴリラ、オランウータン、テナガザルの総称。

※3　ワイルドビースト……アフリカのアカシアサバンナに住み、大群を作るウシ科の大型動物。体重二五〇キログラム程度。ウシカモシカ、あるいはヌーともいう。

3 小さな動物は消化が早い――腸の通過時間

ライオンがチンパンジーを食べる

かつては、大人のチンパンジーを食べる動物は、ヒトしかいないと考えられていた。一九八九年に、東京大学人類学教室の塚原高広君（現在、東京女子医科大学講師）がタンザニアのマハレでライオンの糞の中に黒い毛を発見したとき、この考えは捨てられたのである。毛は塩野義製薬の稲垣晴久氏がヒト上科（ヒトと類人猿）のものであることを電子顕微鏡で確認した。当時、ヒトがライオンに食べられたという事件は起こっていなかったので、犠牲者は突然行方をくらましたわれわれの観察対象であったチンパンジーだという結論になる。

塚原君は、帰国後上野動物園で雌雄二頭のライオンにウサギを食べさせ、ウサギの毛や骨が食後何時間で消化するか観察した。それは、二四時間後には出始め、六〇時間後には出終わった。マハレのライオンの新鮮な糞は、どれもお互いに三日以上の間隔をおいて拾われているので、塚原君は、それぞれ別のチンパンジーが犠牲になったと推定できた。

さて、食物を口に入れてから、肛門で排泄するまでの時間――腸通過時間、あるいは腸滞留時間――

は、動物によってまちまちである。食物の腸通過時間を種間で比較するには、食べ物とともに色のついた小さなプラスチックのマーカーを動物に食べさせ、マーカーの現われた時間を測定すればよい。最初にマーカーの現われた時間、最後に現われた時間、あるいは平均時間のいずれかが使われる。こういった研究は盛んに行なわれており、採食頻度、気温、妊娠、運動、年齢などが食物の腸内通過時間に影響を及ぼすことが知られている。

葉食者が昼寝をするわけ

食べ物が消化管に留まっている時間は、なにを食べるかによって違うと予測されるだろう。栄養を抽出し、吸収するのに時間のかかる食物を食べる動物は、食物の通過時間が長いと予測される。事実はそのとおりである。微生物によって糖質が酸素なしで分解されることを発酵という。発酵は時間がかかるので、葉を食べるホエザルやコロブス亜科は微生物の助けを得て、本来なら消化できない葉のセルローズなどを発酵させて消化するので、長い通過時間を持つ。そのため、葉食者は昼間のかなりの部分を居眠りに費やすのである。一方、果実は容易に消化できるので、果食者は通過時間を縮小し、処理する食物量を増やすという戦略をとる。消化物が通過する長さ（吸収）と摂取され処理される食べ物の全量とは、〝トレード・オフ〟（七七、一六八頁参照）の関係にあり、これは腸管の形態や生理に影響するはずである。

一般に、小型動物のほうが、大型動物より早く腸管を通過させる。なぜなら、小型動物は、体重のわりに体表面積が大きく熱を奪われやすいので、発酵させる時間的余裕がないからである。ただし、例外はある。コモンマーモセットはガム（多糖類）を盲腸で発酵させる。しかし、簡単に消化できる食物は盲腸へ送らないで、速やかに消化するのである。

葉食性の霊長類は、一般に果食性の霊長類より身体サイズが大きいから、霊長類の身体サイズと食物通過時間には正の相関があると予測されるだろう。ところが、相関は非常に弱い。図1－2を見るとわかるように、同じ果実食者で同じ体重でも、南アメリカのオマキザルはアフリカのオナガザル属のグエノンと比べると、通過時間ははるかに短い。一方、同じグエノンであれば、体重が異なっても、食物通過時間は変わらない。南アメリカのクモザル科のウーリークモザルは、オマキザルより食物通過時間は長いが、体重の少ないアフリカのグエノン類よりずっと短い。

以上から、食物通過時間は、食性や体重以外に、系統によって大きく影響されることがわかる。興味深いことに、オナガザル亜科は全体として、コロブス亜科やホエザルと同様、長い通過時間を持つのだ。つまり、吸収に力点を置くといえる。新世界のサルと旧世界のサルは、採食戦略の基本が異なるらしい。

新世界ザルは、季節的に果実の不足するときは、蜜や昆虫に転向しがちである。一方、旧世界ザルは、こういう時期に、若葉に転向する傾向がある。これは、新大陸では、果実と新葉が同時にできる

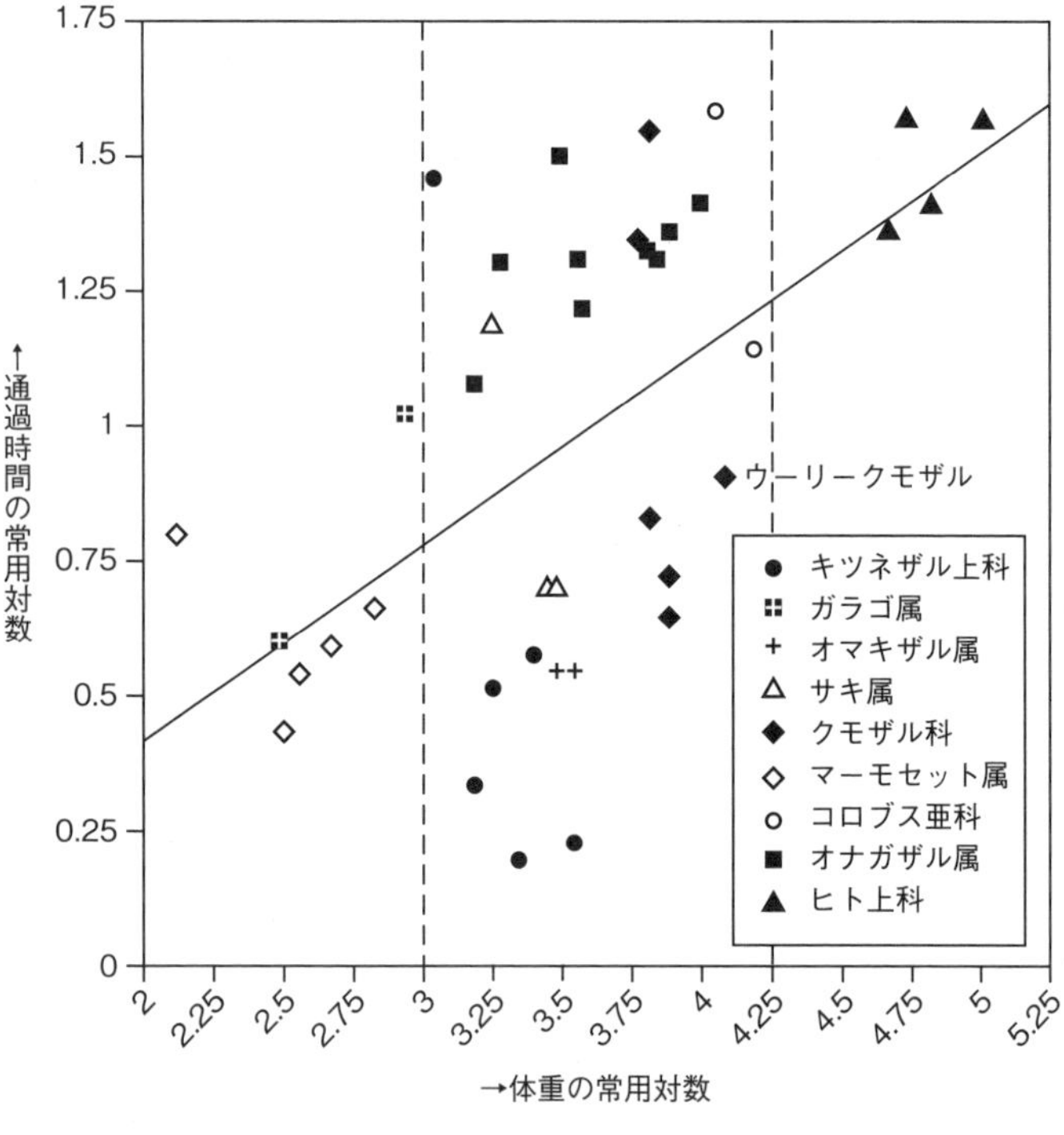

図1－2●体の小さい動物は腸の通過時間が短い（Lambert 1998）

からである。

　ここから、想像をたくましくすると、旧世界ザルは果食性のものも、もともとは葉食性であり、その名残で腸が長いのではないか、と考えられる。そのため、果実の端境期では、若葉を食べるという「昔の」習慣に戻るのではなかろうか。

霊長類の食性の進化史

　始新世の霊長類が虫食性であったことは、まちがいない。三〇〇〇万年前の旧世界の霊長類は原類人猿であり、果食性だった。この原類人猿から、旧世界ザルの祖先と現在の類人猿の祖先が分岐した。このことは、最古の旧世界ザルの頭骨が現在のコロブス亜科と似ていることからわかる。この「原オナガザル」はサバンナ性であり、葉食性であった。果食性を捨てて葉食を徹底させ、前胃発酵型（二三頁参照）となったのがコロブス亜科であろう。一方、果食性を維持しながら葉食をとり入れ、従来の盲腸・結腸発酵型（二五頁参照）を維持したのがオナガザル亜科なのであろう。

　要するに、アフリカのオナガザル亜科は、葉食の洗礼を受けたため、腸の滞留時間が長く、そういった経緯のない中央・南アメリカのクモザル亜科は、食物の腸内滞留時間が短いということであろう（図1-3）。

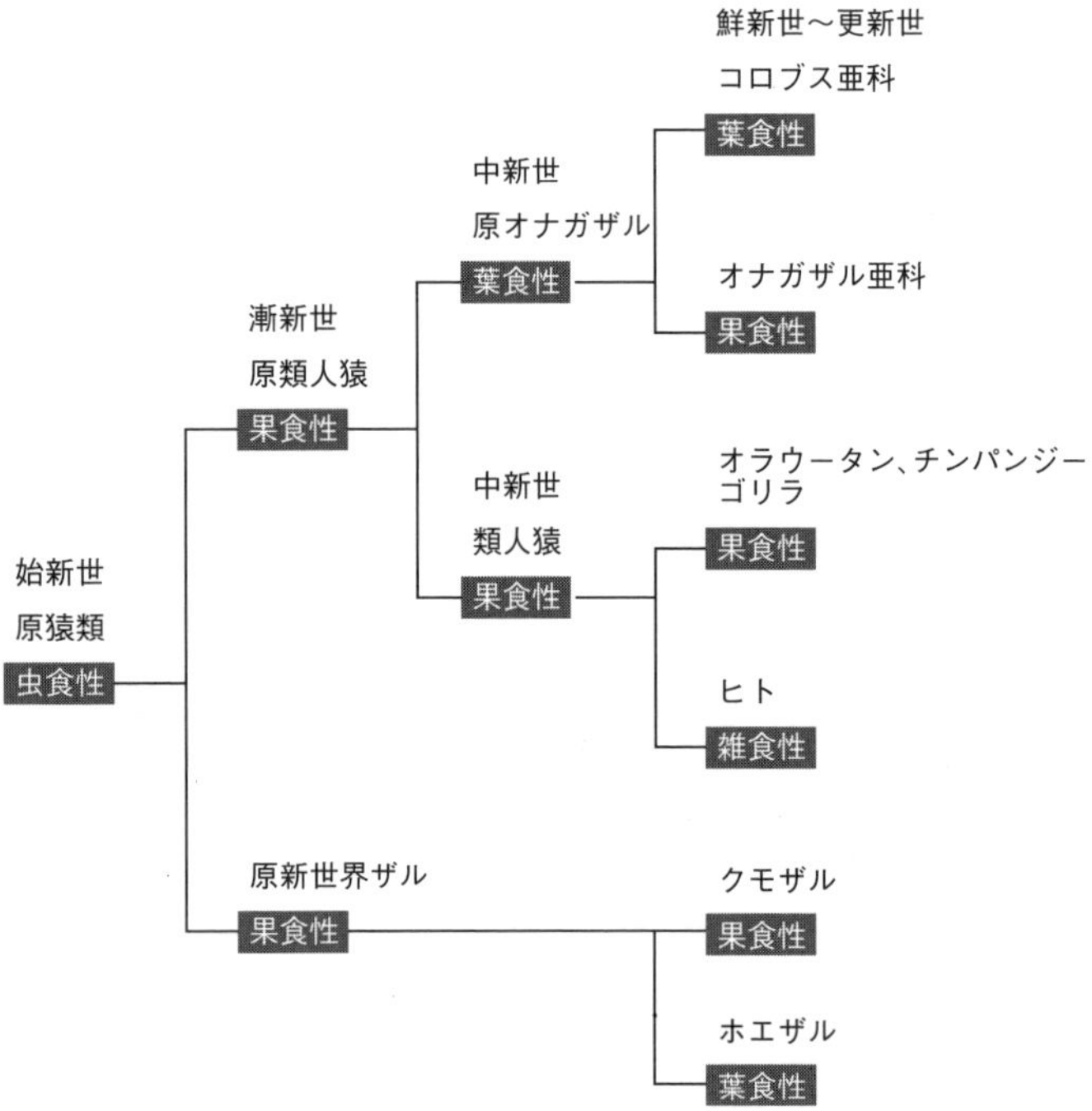

図1-3●大型霊長類における果食性の進化（仮説）

4　食べたものの行く末——消化と発酵

両端のあいたホース

ほかの動物も同じであるが、人間の体とは変なものである。よく考えてみると、両端のあいたホースに筋肉やら骨やらがくっついたものと見ることもできる。両端とは、もちろん口と肛門である。ホースの役割は、よいにおいのしているものを臭いにおいに変えることである！　なぜ、ウンチが臭いかを考えたことがおありだろうか？　ウンチの構成成分の大部分は、人間が消化できなかったものだし、細菌なども多いので、それを臭いと感じる個体は、よいにおいと感じてウンチを口にする個体より、多くの子供を残せたのである。ここから、ウンチが高い栄養を持つ動物の場合は、ウンチをよいにおいと感じる逆転現象が見られるはずである。ウサギなどがウンチを食べるとき脳のＰＥＴ画像を調べれば、ウサギが快感を感じていることが証明されるはずである！

消化とは分解である

消化とはなにか、中学校のおさらいをしておこう。動物が食物をとり入れて、その中から栄養物をとり出して、その他のものを排泄する過程である。栄養物とは、エネルギー源としての炭水化物と脂質、体の成長と修復と繁殖のためのたんぱく質である。

おおむね、炭水化物の消化は胃と大腸で、脂質の消化は小腸で、たんぱく質の消化は胃で行なわれる。最終的には、炭水化物は単糖、とくにブドウ糖（グルコース）に分解され、脂質は脂肪酸とグリセロールに、たんぱく質はアミノ酸に分解される。しかし、ペプトンなど、より未分解の状態で腸壁を通過するものもある。

単糖類とは、ブドウ糖と果糖のことである。二糖類である蔗糖と乳糖は、小腸で加水分解される。多糖類であるでんぷんは、膵臓や唾液のアミラーゼによって二糖類に分解される。オナガザル科には頬袋といって、食物を一時的に貯めておく袋、いわば弁当箱が口内にある。頬袋の唾液のアミラーゼは、ヒトの口内のアミラーゼよりでんぷん分解が活発であるという。

消化のために細菌の助けが必要な食物

地球上で最も多い炭水化物は、多糖類のセルロース[※1]である。それは、ヘミセルロース、リグニン[※2]、ペクチンとともに、植物の細胞壁のおもな成分である。これを消化するには、セルラーゼという酵素が必要だが、脊椎動物はこの酵素を腸内に持っていない。

しかし、バクテリアはこの酵素を持っている。セルロースの分解には、発酵、つまり微生物によって糖質が酸素なしで分解される過程が欠かせない。バクテリアが発酵によって細胞壁を分解し、アセチル酸、プロピオン酸、ブチール酸などの揮発性の短鎖脂肪酸を放出する。これら以外に、発酵の最終産物として、炭酸ガス、メタン、そして微生物の細胞がある。

前胃発酵動物

哺乳類は、発酵を消化管のどこでおもに行なうかで、前胃発酵動物と盲腸・結腸発酵動物の二つに分けられる。前胃発酵動物とは、胃の前方部で発酵を行なう動物で、ウシなどの反芻動物[※3]、ラクダ、カバ、ナマケモノ、カンガルーと霊長類のコロブス亜科（アフリカのコロブス類とアジアのラングール類）が当てはまる。コロブス類の胃は三室に分かれている。前胃は盲状部で、前盲嚢部と盲嚢部に分かれ、小嚢状の発酵室となっていて（図1-4）、pH値は五・五〜七であり、弱アルカリ性である。後胃は管状部と幽門部と呼ばれ、pH値は三であり酸性である。

コロブスザルは葉食者であり、果実を食べるときは未熟の果実を食べる。なぜ、チンパンジーのようにおいしい完熟果実を食べないのだろうか？　完熟果実は有機酸に富み、たくさん食べると、前胃の発酵室の胃液のpH値が下がり、酸性に傾いてしまうからである。

また、極端に繊維の多い食物を多量に食べたりすると、[※4]揮発性脂肪酸の生産が多くなって、吸収が追いつかなくなる。すると、酸が多すぎて、前胃のpH値を下げ、酸性に傾く。こうして、「アシドー

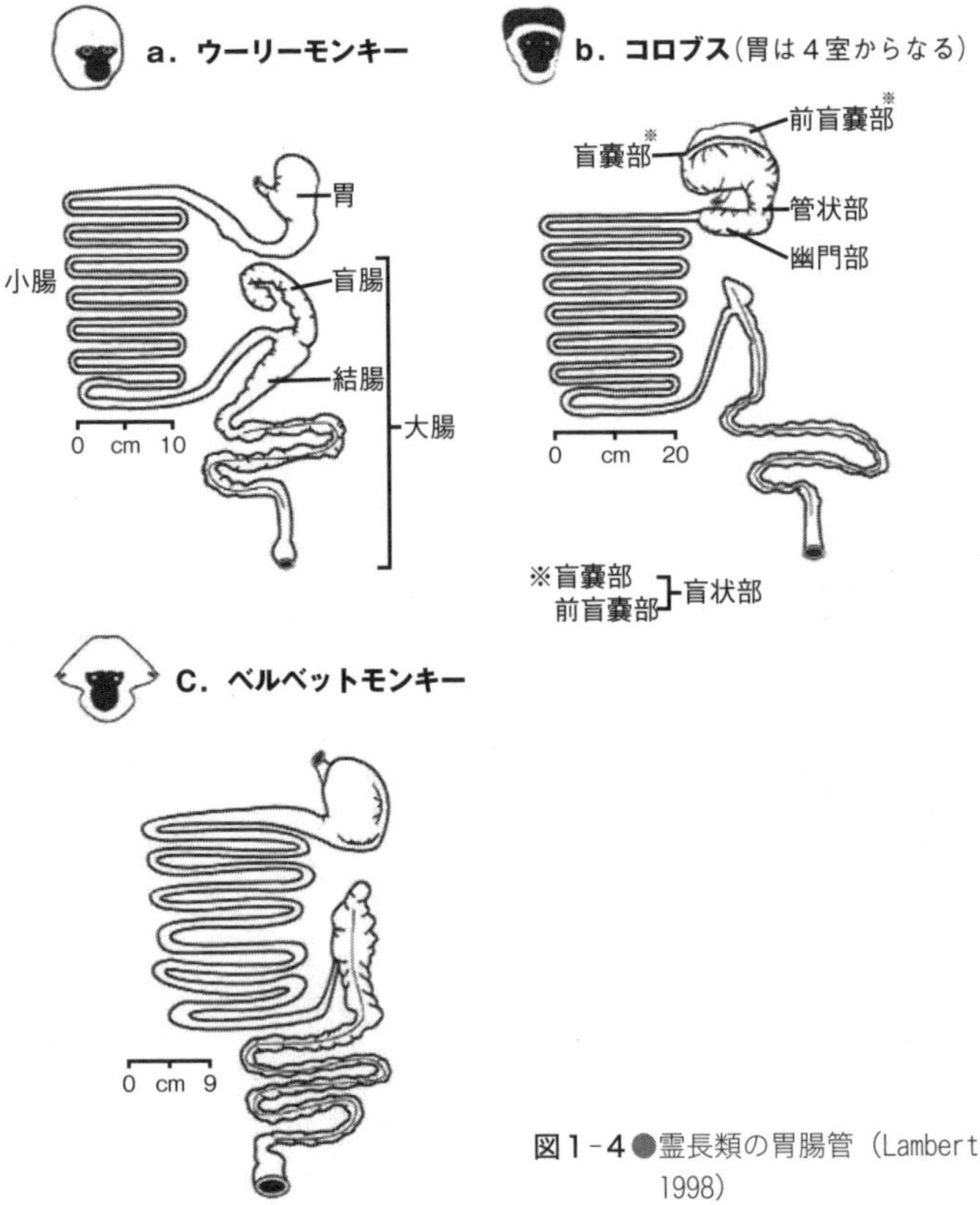

図1-4●霊長類の胃腸管（Lambert 1998）

シス」と呼ばれる機能障害が起きる（一三三頁参照）。

盲腸・結腸発酵動物

盲腸・結腸発酵動物は、肥大化した盲腸あるいは結腸を持つ。ウマ、サイ、ゾウ、齧歯類、ウサギ、樹上性有袋類の一部と、大部分の霊長類が、盲腸・結腸発酵動物である。

ホエザルの盲腸の発酵率は、哺乳類で最大であり、毎日のエネルギー維持の三一％を供給している。キイロヒヒやブルーモンキーの盲腸や結腸の揮発性脂肪酸の濃度は、反芻する有蹄類の前胃のそれに匹敵する。マダガスカルの原猿であるインドリは全体長の三倍の盲腸を持つ。イタチキツネザルは、腹腔の容積の二分の一を占める長い盲腸を持つ。霊長類の結腸は、哺乳類の平均の二倍の長さがある。旧世界の霊長類であるオナガザルとヒト上科（ホミノイド）も、よく発達した結腸を持つ。

前胃発酵動物と盲腸・結腸発酵動物とでは、どちらが得であろうか？　両者とも、バクテリアの多様性は同じくらいである。つまり、四〇属で、少なくとも四〇〇種程度である。

前胃発酵にも盲腸・結腸発酵にも利点と弱点がある。前者では、潜在的に利用可能なエネルギーの一部を共生微生物の代謝にとられてしまう。一方、後者では食物が肛門に近い所で分解されるので、高栄養価の分解物の多くが排泄されてしまう。それで、糞食という行動は盲腸・結腸発酵動物に限られるのである（第6章-第1節参照）。

食物と消化の難易

さて、食物によってどんな消化の問題が起こるのか検討してみよう。

▼果肉　これは、最も消化のよい食べ物である。単糖類である果糖がおもな成分なので、どんな動物も容易に吸収できる。まれに、脂質を含むことがある。

▼種子　通常は脂質とでんぷんを含むが、まれにたんぱく質を含む場合がある。種子の問題点は種子を囲むコートである。コートは構造の複雑な炭水化物でできており、容易に消化できない。

▼葉　たんぱく質を含むが、細胞膜はセルローズなどの構造の複雑な炭水化物でできているので、消化は容易でない。

▼浸出物　浸出物は四種類に分けられる。

○粘性ガム：水溶性ででんぷんなし。構造の複雑な炭水化物で多枝多糖類。たんぱく質、脂質、ビタミンは含まない。カルシウムはある。マーモセット科、ガラゴ、コビトキツネザル、オナガザルの数種が食べる。キツネザルの先祖の食物はガムだという説がある。

○樹液（サップ）：水溶性で、消化の容易な構造の単純な炭水化物。

○樹脂：フェノールやテルペンの派生物。霊長類に食べられた記録はない。

○ラテックス：構造の複雑な炭水化物。霊長類には食べられない。

▼動物　単純な構造の酸性の胃で消化できる。ただし、昆虫のキチンが問題である。キチンは多糖類で、窒素を含むグルコース・アミンである。ロリス科のポトとセネガルガラゴだけが、キチンを分解する酵素であるキチナーゼを持つ。メガネザルやおもに昆虫を食べる原猿は、大きな盲腸を持つので、微生物による発酵で、キチンを消化している。

葉食の進化

葉を食べるということは、複雑な構造を持つ炭水化物、つまり多糖類を消化できるということである。生物がいきなり葉を食べるように進化できるとは考えられない。

霊長類も昆虫や果実など、消化の容易な食べ物を最初は食べていたわけである。有蹄類も初めは果食者だったと考えられる。今も、アフリカの森林性のダイカーやアマゾンのシカは果実を食べて生きている。

初めは果肉を食べていたのが、種子を食べ始めたことが、葉食への道を開いたという可能性がある。アマゾンの有蹄類を研究しているケンブリッジ大学のリチャード・ボドマー博士は、森林の果食性の有蹄類が、果肉だけでなく、たんぱく質が多く、多糖類の少ない内胚乳や子葉を食べることを指摘した。

同じケンブリッジ大学の霊長類学者デイビッド・チバース博士は、葉食の起源を、果肉食者が種子を食べ始める過程だと考えた。そのとき、種皮を発酵させて分解する能力が必要となった。そこで、食物を腸内で長く留めおく必要が生じ、腸の表面積が増加した。かくして葉を食べて消化する能力が進化したのである。

盲腸・結腸発酵霊長類では、胃と大腸の容積は体のサイズに比べて大型種のほうが小型種より大きい。一方、前胃発酵霊長類では、大型動物の発酵室は相対的に小さい。それゆえ葉食者は体のサイズが大きくなるのに抵抗が小さいといえる。

毒の分解

動物・植物の相互作用に使われている光合成の二次代謝産物は、一万二〇〇〇種類もある。植物が動物による採食を牽制する化学物質には、消化抑制剤と毒物がある。ヒトの唾液にはプロリンというアミノ酸に富むたんぱく質があり、界面活性剤の役割を果たす。タンニンを結合するこの唾液たんぱく質のために、葉のたんぱく質の摂取が可能になる。

毒を分解する場所は小腸の粘膜である。微生物の活動と、ミクロソーム（顆粒体）の酵素によって解毒が行なわれる。原虫、バクテリアなどの微生物植物相（マイクロフローラ）が嫌気的かつアルカリ性の胃環境で発酵によって毒物を分解する。ゴールデンバンブーキツネザルは致死量の四倍もの青酸を食べる。これは、肝細胞のミクロソームの酵素で解毒される。

※1　セルローズ……植物の細胞膜や繊維の主成分で、多糖類、つまりブドウ糖（グルコース）の重合体の一つ。これを分解するにはセルラーゼという酵素が必要だが、バクテリアや原虫以外は持っていない。

※2　リグニン……木化した植物体の主成分の一つ。フェニルプロパンを骨格とする構成単位が縮合してできた網状の高分子化合物。

※3　反芻動物……前胃で細菌に分解された食物を口に戻してかみ直し、次いで後胃で消化するのを反芻といい、反芻する動物を反芻動物という。ウシ目ウシ亜目のシカ、キリン、ウシやラクダ亜目のラクダ、ビクーニャなどがこの習性を持つ。

※4　揮発性脂肪酸……常温で気化することを揮発といい、脂肪酸とはカルボキシル基を1個持つカルボン酸のうち、鎖式構造を持つものを総称していう。

5　環境の小さな違いや偶然が行動の大きな違いを生む——霊長類の食文化

世代から世代に伝わる情報

文化とは、「社会の多くのメンバーが共有し、社会的学習によって、世代から世代へと伝わる情報」だと定義できる。住んでいる地方によって、サルの食物レパートリーが違っていることはお聞きになったことがあるだろう。こういった採食行動の違いを最初に明らかにしたのは、日本のサル学者であった。それは一九五〇年代にさかのぼる。そのころ、私たちの先輩であるサル学者たちは、大分県高崎山や宮崎県幸島以外に、餌づけの指南をしたり、実験用のサルを取得できる可能性を調べるために日本各地を飛びまわっていた。そして食性の違いに気づいた。

たとえば、京都市の嵐山のサルは、ムクの実の果肉はもちろん、種子もかみ割って食べる。ところが、高崎山のサルは果肉だけを食べて、種子は呑み込んでしまう。大阪府の箕面のサルは、ユリやヤマノイモの根を掘って食べるが、高崎山のサルはこれら二種とも利用できるにもかかわらず、まったく食べない。

こういった食性の違いを、川村俊蔵さん（故人、京都大学名誉教授）が、『サル　社会学的研究』（中央公論社）の一章でたくさんあげておられる。ごく最近では、屋久島のサルがトカゲやカエルを食べるというので話題になった。長年の研究にもかかわらず、本州や九州では記録がなかったのである。

二歳のチンパンジーの赤ん坊が母親と同じショウガの髄を食べている。こうして親元で「食べ物」を覚えていく。世代から世代へ伝わる情報、すなわち文化がある。（撮影／西田利貞）

チンパンジーの食文化

さて、地域個体群間でいちばん多くの違いが明らかになっているのは、チンパンジーである。野外研究に投入された時間も長いし、彼らの行動は融通性に富むからだ。

二〇年以上前に、筆者らはタンザニアのマハレとゴンベのチンパンジーの食用植物を比較した。すでに食物リストはおよそでき上がっていたので、あとは片方のリストにしか載っていない植物が、他方に生えているかを確認するだけである。その結果一四もの食物品目に違いが見つかった。このうちの一つはブレファリスというキツネノマゴ科の草本で、私が食べた限りでは苦味などはなく、オクラのようなネトネトした感触で食べやすかった。ただし、この葉はやわらかいがとがっているので、注意して口に入れないと唇や舌を切るおそれがある。おそらく、そのためにゴンベでは試食した者がいても大勢に広がらずに終わったのであろう。

アブラヤシをどこまで食べるか

アブラヤシの実の果皮は薄く、橙色の果肉は脂肪に富んでいる。皆さんおなじみのマーガリンの原料である。西アフリカ原産の植物であるが、東アフリカに入ってきたのはそんなに昔のことではないらしい。マハレで観察した限りでは、この果肉を食べる動物は、リス、アカオザル、サバンナモンキー、キイロヒヒ、ヤシハゲワシなどである。チンパンジーはまったく食べない。しかし、ゴンベのチンパンジーは食べるのである。それどころではない。ゴンベのチンパンジーにとって、アブラヤシの果肉は年間の食物として最も重要である。また、葉の髄もかじる。

西アフリカ、ギニアのボッソウでは、果肉を食べ、葉の髄をかじるだけではない。果肉の中には非常にかたい種子がある。ゴンベのチンパンジーは、この種子は食べずにあきらめる。ボッソウのチンパンジーは石器を使って、つまり台石の上に種子を置き、ハンマー石でたたいて堅果を割って食べるのである。そのうえ、彼らは、ヤシの大きな葉を逆さにして杵のように使い、幹の上部のやわらかい部分を突いて、樹液を飲む。つまり、ボッソウのチンパンジーはアブラヤシを完全利用するわけだ。これは杉山幸丸さんらの重要な発見である。

ボッソウから五〇〇キロメートルほど離れた象牙海岸のタイ森林のチンパンジーは、ハンマーで堅果を割る技術は持っているのに、マハレと同様、まったくアブラヤシを利用しない。どうやら、タイではアブラヤシはあるといっても珍しいものらしい。これはマハレとゴンベの違いの原因としても当てはまる。つまり、ゴンベにはアブラヤシが多く、チンパンジーは何度も「試し食い」するチャンスがあったが、マハレにはアブラヤシは相対的に少なく、しかもヤシは村落周辺にしか生えていなかったので、チンパンジーはあまり「実験」できなかったのだろう。

ゴンベとボッソウは、いずれも人間の集落に周囲をとり囲まれている。山越言さん（現在、京都大学准教授）によると、ボッソウではアブラヤシはチンパンジーにとって非常に重要な食物とのことである。彼らがもしアブラヤシという非常に栄養価の高い新しい食物をレパートリーに含めなければ、もう絶滅していたかもしれない。

アリの種類とそのつかまえ方

チンパンジーの食文化で、いちばん極端な違いは、昆虫食に見られる。アジアやオセアニアでも知られ、分布の広いオオアリ属はアフリカ全土に見られる。しかし、現在知られている限りでは、習慣的に食べられるのはマハレだけである。

サスライアリは、ゴンベだけでなく、西アフリカではタイ森林やボッソウでも食べられる。しかし、マハレではけっして食べられない。食べられる所でも、とり方が微妙に違う。ゴンベでは、八〇センチ程度の長細い灌木をビバーク中のアリの群らがりにつけ、兵隊たちがどんどん登ってきて棒を握っている自分の手の近くに先頭陣が到着するやいなや、もう一方の手の指で輪を作り、シューとしごき上げて口の中にほうり込むのである。口や舌をかまれないように素早くやらなければならないのは無論である。リチャード・ランガムはナショナル・ジオグラフィックのビデオ撮影隊にチンパンジーの釣り方を見せようと真似をして見せたのはよいが、サスライアリに見事に唇を噛み切られ、血まみれになった。

一方、タイ森林では三〇センチ程度の短い棒をアリの群がりに入れて、単純にしごきの運動なしになめとる。山越言さんによると、ボッソウでは、ゴンベ式、タイ式の両方が見られるという。

なぜ、マハレではオオアリを食べてサスライアリを無視し、一方ゴンベなどでは、サスライアリを

チンパンジーが右手で1m近い棒をサスライアリの“巣”に差し込んで、棒に兵隊アリが登ってくるのを待つ。

アリが棒をどんどん登ってくると、棒を立てて左手で素早く下から上へしごき上げてアリ玉を作り、口の中に入れる。
（撮影／Caroline Tutin）

食べてオオアリを無視するのだろうか？　おそらく栄養的には、両者には大きな違いがないのだろう。私の仮説はこうだ。当初、マハレでもゴンベでもこれらの二種のアリを試食する個体がいたものと考えられる。マハレにはオオアリのほうがサスライアリより多く、ゴンベではその逆だったのかもしれない。すると、マハレではオオアリを試し食いするチャンスが多く、ゴンベではサスライアリを試食する機会が多かっただろう。そして、一方を巧妙に釣り出す方法が発達すれば、もう一方の種を獲得する必要はなくなるだろう。もう、危険なアリを試し釣りする動機がなくなったのだ。

食物レパートリーの違いよりも、アリ釣りのような、食物を入手するための道具の相違のほうがおもしろい。

チンパンジーの民族博物館を作る

タイ森林のチンパンジーは、アブラヤシの種子を食べないと述べた。しかし、彼らはパンダ、コウラ、デタリウム、パリナリ、サコグロッテイスなど五種類の堅果を、木の根の上に置き、太い枝や石をハンマーとして使って割る。ボッソウでは、台石にアブラヤシの種子を置いて、ハンマー石で割る。しかし、長期の調査が行なわれてきた東アフリカのチンパンジーでは、石器使用は見られたことがない。

パンダ、デタリウム、サコグロッテイスなどタイの堅果は、東アフリカの長期研究フィールドには生えていない。コウラはウガンダのキバレにはあるが、他の長期調査地には生えていない。パリナリ（対象となるエクセルサ種）も分布が高地に限られている。こういったことが東アフリカに石器文化が欠如している原因かもしれない。しかし、アブラヤシは東アフリカにあるし、石は川にいくらでもある。環境の違いのせいにするのは、やや無理があると思われる。

ビル・マックグリューは『チンパンジーの物質文化』（ケンブリッジ大学出版局）という本を一九九三年に出版したが、それから一〇年弱で、この本に載っていない新しい技術がすでに何十と雑誌に報告されている。博物館なども、今や単に「チンパンジー」とだけ書いて展示することはできなくなった。場所によって、行動が異なるからである。ロサンゼルス動物園は、そのチンパンジーのコロニーに「マハレのチンパンジー」というタイトルをつけているそうだ。この動物園のチンパンジー自体は西アフリカ産だが、オオアリ釣りに似た技術を要する設備があるためである。将来、チンパンジーの文化は、人間の民族文化と同様に、民族博物館に展示されるようになるべきである。

第2章 遺伝子の散布——食べられることは増えること

1 果実は食べてもらうためにある——植物の知恵

動物と植物

動物が植物なしでは生きられないことは、誰でも知っている。チョウは花の蜜を吸い、カブトムシは樹液を吸い、アユは藻を食べ、オカピは木の葉を食べる。ライオンは植物でなくシマウマなどを食べて生きているといっても、シマウマは草を食べて生きているだから、間接的には植物に依存している。つまり、炭酸ガスと水を材料とし、日光をエネルギー源とし、クロロフィルの工場で炭水化物や蛋白質を合成する光合成という作用をもつ植物がなければ動物は生きていけない。

一方、多くの植物も動物なしでは繁殖できないことは、あまり知られていない。ミツバチやハナムグリは花粉を花から花へと運んで授粉させる。マダガスカルの小さなネズミキツネザルも花をたべたついでに授粉もする。一方、ニホンザルのような果実を食べるサルはお腹の中や頬袋で種子を運んで別の場所に散布し、植物の分布拡大に貢献する。それゆえ、ある植物の授粉や種子散布をする動物が絶滅すれば、その植物はいずれ絶滅の運命をたどることになる。

果実が甘いのは

植物はほかの生き物に食べられないように、物理的、化学的な防御戦略を持っている。植物の多くの部分は、食べられては困るのであるが、唯一食べられるために作られている器官がある。果実、正確にいうと果肉である。植物は動けないので、繁殖のためには風や水の力を借りるか、鳥や哺乳類のような大型動物によって、種子をほかの土地へ運搬してもらわねばならない。そのために甘い味をつけ、宣伝用に芳香を放つようにしたり、赤や黄色といった目立つような色をつけたのである。

甘くなくても、また果肉が少なくても種子を呑み込んでもらえるなら、植物は種子を包むだけの小さな果実しか作らなかったであろう。コストがかかるからである。「コスト」とは、繁殖のために直接役立たない出費である。つまり、果肉を作らなくてもよいなら、その分を種子の生産にまわせるわけである。しかし、種子散布者をめぐって、同種あるいは他種の植物の間で競争が起こる。種子散布者である動物にとってより魅力的な果実を作った植物個体は、より多くの子孫を残す。こうして種子散布者である動物の好みに合うような果実が進化した。

たとえば、ドリアンはかたい果皮と食べにくい繊維に囲まれた強烈なにおいを持つ巨大な果実を作る。これは種子散布者であるオランウータン向けに作られている。アフリカには、果皮がかたくてサイズの大きな果実がたくさんある。これらの多くは、おもにゾウに食べられ、種子を散布される。

大きすぎる果実

ダニエル・ジャンセン博士は、中央アメリカのコスタリカで動物と植物の相互関係を長年研究した人である。一九九七年には、熱帯生物学の草分けとして、京都賞を受賞した。彼はサンタローサ国立公園で、奇妙な事実に気づいた。大型果実が四〇種類もこの公園にある。それらを食べる動物として齧歯類（ネズミ目）やペッカリー、バク、アグーチなどがいる。いることはいるが、これらの動物にとって果実のサイズは大きすぎる。また、彼らだけでは食べきれないほど多くの果実が毎年生産され、林床に落ちて虫に食われたり、腐ったりしていく。そのうえ、これらの果実はアフリカでゾウなどの大型動物が食べる果実とサイズや形やかたさがよく似ている。

そこでジャンセン博士の思いついたことは、この大型果実を食べていた、つまり種子の散布をしていた大型動物はもう絶滅してしまったのではないかということだ。実際、新大陸ではおよそ一万年前に、体重一〇〇キログラム以上の大型哺乳類が一五種以上も絶滅している。その中にはマストドンに似たゾウやウマ属やクマ科の動物など、果実を食べる大型動物も含まれていた。彼らが、これらの大型果実の種子を散布していた可能性がある。実際、人間が近年になって導入したウマはこういった果実を食べ、種子はその消化管を通過して発芽する。

大きな果実を作るこれらの植物は、大型哺乳類に適した果実を生産していたが、一万年前に大型動物が絶滅したあとも、変化した環境に適した果実に作りかえることはなかったのだろう。それゆえ、ジャンセン博士は、この大きな果実をつける植物を「新熱帯のアナクロニズム」（時代錯誤）と呼んでいる。

ドドが滅び、カルバリアが滅ぶ

インド洋のモーリシャス島は、船の模型やTシャツの販売でも外貨を稼ぐ有名なリゾート地である。かつてドドというハトに近縁な大きな鳥がいたことは皆さんご存知だろう。この島には、ドド以外にも特産種があった。アカテツ科の樹木カルバリアである。この植物は、種子を作り続けているにもかかわらず、もう三〇〇年間も新しい苗木は育っていない。絶滅に瀕しているのだ。そしてドドが絶滅

ドドのはく製。モーリシャス自然史博物館にて。ドドが絶滅したために、絶滅に瀕している植物がある。（撮影／西田利貞）

したのも三〇〇年前なのである。

　カルバリアは直径五センチの核果を作る。種子は厚さ一五ミリのかたい内果皮に包まれている。ドドに呑み込んでもらい、その砂嚢を通過して内果皮をすり減らさなければ発芽しないようになっていたのだ。人間がドドを絶滅させたために、ドドと共進化してきた植物も絶滅することになったわけだ。これは、ドドという目立った動物が介在したので人間も気づいたが、もっと地味な動物が種子散布者であったなら、この植物の絶滅の原因は永久にわからないままに終わっただろう。

2 種子の散布者たち──果実の戦略

果肉は種子のオブラート

モモなど大きな種子を持つ果実では、種子のまわりの果肉が種子とくっついていて手こずらされる。どうして、こんなに食べにくくなっているのだろうか?

果肉は種子が呑み込まれ運ばれるために作られたオブラートである。動物に種子を呑み込んで運んでもらうために果肉は用意されたのだ。だから、果肉だけを食べ、種子をその場で吐き出されたら、植物はなんのために果肉に投資したのかわからない。まったくのむだな出費になってしまう。それで、果肉ごと種子が呑み込まれるよう、種子を果肉とくっつけておくくふうが進化したのだ。

われわれが日常食べる果実の多くは品種改良されて、果肉と種子がはがれやすいようになっている。しかし、野生の果実には、種子のまわりにネバネバがあって、果肉を種子から舌と歯でこそぎ落とすのがむずかしい種類が多い。たとえば、マハレにコルディアというムラサキ科の大木があり、その果実はドングリのような形をしていて、大きな種子を持っている。種子のまわりに薄いネバネバした果肉がついていて、熟柿の味がするうえに強い芳香がある。しかし、種子から果肉をはずすのは不可能である。チンパンジーはじたばたせず、呑み込んでしまう。ネバネバのあるのは、種子が大型の場合である。種子が小さい場合は、果食者は簡単に呑み込んでくれるから、粘着性は必要ない。

果実は食べてもらうために進化したといっても、種子が未熟なときに食べられては困る。それで、種子が未熟な間は、果皮はかたく、目立たない緑色をしている。また、果肉も甘くなく、むしろ渋かったり、苦かったりする。動物に気づかれないよう、芳香も発しない。

小さな種子の散布者

私の調査地であるタンガニーカ湖東岸のマハレ山塊国立公園の果実を紹介しよう。果実の大きさは、直径数ミリのものから、一五センチ以上のものまで、まちまちである。種子の大きさもさまざまである。

まず、小さい種子を持つ果実の代表としてイチジクをとりあげよう。カペンシスという種類は、大きな木は胸高直径が一メートルにもなる。木の幹に直径三センチ程度の実をつける。幹に直接つく果実を幹生果という。初めは青いが、熟すと赤くなり、甘くなる。香りはあまり強くない。

「定点観測」と称して、私は一度キャンプの近くのカペンシスの大木を一時間に一度見まわってどんな動物が来ているか調べたことがある。昼間は霊長類としては、アカオザルとチンパンジー、それにリスが来た。小型のウシ科動物であるブルーダイカーは、落ちた実を拾いにやってきた。ブッシュバックは、落ちたのを拾うとともに幹の下部から直接食べた。いちばんよく出会ったのは鳥類で、とくにキバラブルブルやアオバトとロス・エボシドリにはよく出くわした。夜は原猿の仲間であるオオガラゴがやってきた。

イチジクでもアルトカルポイデス種は、熟してもほとんど赤くならない。その代わり強烈なにおいを発するので、三〇メートルくらいまで近づくと、木の存在に気づくほどである。おもしろいことに、私はこのイチジクの強烈なにおいを悪臭と感じたが、アフリカ人のアシスタントたちはよいにおいだといった。チンパンジーは熱心に食べるのだが、これは味が悪く、私にはとても呑み込めない。確かめてはいないが、おそらくこのイチジクをおもに食べるのは夜行性のフルーツ・バット（果食性コウモリ）だろう。それなら、熟しても色が変わる必要はないし、一方強烈なにおいは、夜のガイドとして最適だからだ。

容易にわかるように、小さい種子を持つ果実は、小さな動物から大きな動物まで、さまざまな動物に種子散布されるだろう。つまり、こういった果実はチンパンジーの独占物ではない。小さな種子を作る植物は、多種の動物に種子散布されるから大きな種子を作る植物より有利なはずだが、ではなぜ大きな種子を作る植物があるのだろうか？

大きな種子を作る理由

小さな種子は、栄養が少ないわけだから発芽しにくいし、発芽直後の苗木の段階では乾燥などに耐えにくいだろう。また、さまざまな動物に運ばれるだけ、その植物に不適な環境に捨てられる可能性も高くなる。大きな種子は少数精鋭主義である。大きいので多量の栄養物を貯えることができる。当然、発芽率は高くなるし、成長も早いだろう。種子運搬者を大型動物に限り、大型動物の移動能力に賭けるのである。大型動物は種子を母木から遠く離れた所まで運んでくれるだろう。母木の近くは、日光が当たらず、死んでしまう可能性が高いのだ。それゆえ、小さな種子にも大きな種子にもそれなりの利点があり、どちらの方が優れているとは決められないのである。

大きな種子には受難の時代？

しかし、少なくとも現在は大きな種子は受難の時代を迎えている。ヒトがその獲物として大きな動物を狙って殺すからである。カメルーンやガボン、コンゴなどの中央アフリカでは、ヨーロッパや日本に木材を輸出するため樹木を伐採している。わずか数種の択伐なので森林がなくなることはないが、大木を搬出するため道路が作られる。道ができるとライフルをもったハンターが奥地へ深くはいることができるようになり、ゾウ、バッファロー、ゴリラ、チンパンジーなどの大型動物を殺して薫製にして、大都市に運び、販売する。今や、このブッシュミート交易は一〇〇億円レベルに達し、ひじょうに多くの人々がこの商売で生活している。こうして、森があっても大型動物がいないというのが現状なのだ。ゾウやゴリラが果実を食べ、彼らに種子散布を依存していた大きな実をつける樹木は、子孫を増やす道を絶たれ絶滅するだろう。(第六章一四八〜一五〇頁参照)

3 チンパンジー向けに進化した果実——種子の散布者を選ぶ

チンパンジーとヒトだけの果実

タンザニアの私たちの調査地には、さまざまな果実がある。それらを食べて種子をばらまく動物もさまざまである。しかし、チンパンジーがおもに食べ、そして彼らに食べられるように果実の構造が進化したと考えられる植物もある。樹上性の果実食のサルや、果食性の鳥類やほかの脊椎動物には能率よく食べられないほど果皮の厚い果物である。

クワ科にはミリアントゥスというソフトボール大の実がある。集合果で、最初の数片は切歯でなければとり出せない。数片が歯でとり出されたあとにはすき間ができるので、強い指の力で押すと残り

ミリアントゥスを食べるチンパンジー。これを食べるにはひとくふういる。（撮影／西田利貞）

の片をとり出せる。こんなことのできるのはチンパンジーとヒトだけである。甘ずっぱい味のため村人にも好まれ、雨期の始め格好のおやつになる。

キョウチクトウ科にはソフトボール大のサバ、直径五センチ程度の球形のランドルフィアなどの大きな実がある。これらは太さ一五センチにもなる木性の蔓で、マハレの低地の半常緑樹林にからまり、樹冠で広がって、乾期の終わりから雨期の中ごろにかけて大量の果実をつける。サバはチンパンジーにとって一年を通じ最も重要な食物である。

これらの果実の味はいずれも甘ずっぱく、とくにランドルフィアは美味であるため、コンゴでは市場で売っているほどである。果皮の厚さは五ミリ程度だ。長さ二〜三センチの種子は果肉とくっついており、種子だけを吐き出すのはほとんど不可能である。サル類も少しはこれらの実を食べるが、殻を割るのに手間どる。一方、チンパンジーは大きな切歯と大きな手で一回で半分に割って食べてしまう。

果皮があまりにも厚い果実

チンパンジーに食べられるよう形、サイズ、構造がいっそう極端に進化したと私が思うのは、同じくキョウチクトウ科に属する森林性の常緑樹ボアカンガである。果実は直径一〇センチ以上の上下にやや扁平な球形で、二個ずつペアとなって枝にぶら下がる。果皮は非常に厚く、三センチにも達する。これを割ることができるのはチンパンジーだけである。その中にヌルヌルした甘い果肉と黒くて長細い種子が入っている。果皮があまりにも厚く、それに対し果肉はわずかである。これ以上果肉が少なければチンパンジーはこの果実を無視するのではないかと思われるほどである。ボアカンガの実をアカオザルが食べているのを一度だけ見たことがある。サルは何度もかんで果皮に大きな穴をあけ、それからは指を一本突っ込んで、少しずつ果肉をとり出して食べていた。そして、サルが立ち去ったあと、穴のあいた殻が枝に残されていた。こういった食べ方では、種子は果皮の中にとどまり、そのあと地面に落ちても結局発芽しないか、発芽しても親との競争に負けて死んでしまうだろう。植物としては、サルに食べられては困るのだ。いま以上に果皮を厚くすればサルにはまったく食べられなくなるかもしれないが、果皮を厚くした分、果肉をもっと少なくしなければならない。そうとしたら、チンパンジーに嫌われるだろう。もうこれ以上の変化の余地はなさそうである。

乾燥疎開林の果実

バラ科のパリナリは、乾燥疎開林に生える常緑樹で、乾期に最大三五～二五ミリ程度の卵形の実をみのらせる。大きな種子が一個だけ入っていて、果肉からとりはずすことはできない。未熟のものはえぐいが、熟すとふかしたサツマイモのように甘い。チンパンジーはいくつもいくつも口に入れてはほお張り、いったん手に吐き出してはまた口に入れたりする。ほとんどの場合、地面に落ちた熟した実しか食べない。カンチウムの大型果実をつける種（クラッスム種）も、地面に落ちて完熟する。これらは、明らかに、地上性の大型哺乳類向けに作られた果実である。とくに、チンパンジーとヒヒとヒトがおもな種子運搬者であろう。

乾燥疎開林の樹木に実る果実で、おそらくヒトとチンパンジー（そして、おそらくゾウも）がおもな種子運搬者であると考えられるのは、ストリクノスである。種によって果実のサイズはいくらか違うが直径五～八センチくらいで、薄く大きい種子が入っている。果皮は非常に硬く、チンパンジーも大人でなければ歯で割ることはできない。ゴンベのチンパンジーのうち何頭かは、木の幹に投げつけて割るそうだ。

ところで、チンパンジーの祖先がどこに住んでいたのか、いつ頃からサバンナを利用していたのかは不明であった。チンパンジーの化石というものがまったく出てこなかったからである。ところが、二〇〇五年、現在のウガンダのチンパンジー生息地帯から六〇〇キロも東、ケニヤの東部リフトバレーのトゥゲンヒルで中期更新世（五〇万年前）の地層から、チンパンジーの化石が発見された。その地帯は太古の昔から森林地帯であったことはなく、川辺の森以外はサバンナ、あるいは乾燥疎開林であったという。このことは、チンパンジーがヒトやゾウとともに、長い間サバンナの大型果実の種子散布者であった可能性を示唆するものである。

チンパンジーは気が向いたら一日に一〇キロも歩くし、種子はたいていかまずに呑み込む。だから、チンパンジーはマハレの種子の大きな果実をつける植物の繁殖を助ける動物として最も重要な存在だろう。

第3章　味覚の不思議——なぜ甘いものに惹かれるか

1　甘味を演出する植物——味覚の進化

甘いと感じるのは脳

ヒトが感じる基本的な味覚には、甘味、酸味、苦味、塩味、渋味の五種があり、さらにうま味を加えて六種とすることもある。たいていの食べ物の味は、これらのいずれかか、その組み合わせとして表わすことができる。

味覚も、ほかの感覚と同様に進化の産物である。ここに、熟した果実も未熟の果実も区別を感じない個体と、熟した果実を甘いと感じ、未熟の果実にはなんの味も感じない個体がいるとしよう。どちらが多くの子供を残すだろうか。熟した果実を甘いと感じる個体は糖という価値の高い栄養を含む物質を容易に選びとれるわけだから、当然より多くの子供を残すだろう。同様に毒物を苦いと感じることができる個体は、有毒な食物を避けることができるから、苦いと感じない個体より多くの子供を残すはずである。

食べ物自体に甘い、苦いがあるわけではなく、ヒトや動物が脳を通じてそのように感じているだけである。口内、とくに舌には味覚細胞があり、その受容体[※1]（リセプター）に味物質が結合し、味覚細胞を興奮させる。その興奮はまず味覚神経に伝達され、さらに中枢神経に伝えられる。こうして味が感じとられるわけだが、その機構の詳細はまだ解明されていない。

蔗糖やブドウ糖などの糖や、グリシン、アラニンなど甘味アミノ酸はすべての哺乳類に甘味をもたらす。これらは化学構造としては比較的単純な形をしており、食物探索のための鍵として、哺乳類だけでなく多くの動物に最も古くから利用された物質であろう。

しかし、糖やアミノ酸が最も甘い物質なのではない。アフリカ熱帯のクズウコン科のタウマトコックスという草本の親指大の果実の黄色い仮種皮[※2]から抽出されたたんぱく質であるタウマチンや、ツヅラフジ科の蔓デイオスコレオファイラム属の赤い小指大の漿果（果肉が厚く、汁の多い果実）からとり

ピグミー族の女性と子供たち。野生の実を調理している。（撮影／北西功一）

出されたたんぱく質であるモネリンは、重量比で蔗糖の二〇〇〇〜三〇〇〇倍、分子量でいうと一〇万倍も甘い。だから、こういった果実を成長させるのに必要なエネルギーは、蔗糖を含む果実を作るのに必要なエネルギーよりずっと少ない。植物は労せずして種子散布者を得られるわけで、フランスの生理学者クロード・ラディク博士は「生化学的な擬態」と呼んでいる。つまり、植物が動物をだましているわけだ。モデルとして蔗糖を持つ果実が森林に多いから、だましが維持される。アフリカの霊長類は皆モネリンやタウマチンの甘味を感じるので、おそらく彼らは日常的にこれらの果実を食べているはずである。

最近も、ペンタデイプランドラというアフリカの赤い果実から、甘味物質であるたんぱく質が抽出され、ペンダデインと名づけられた。こういった甘味物質は中央アフリカや、カメルーン、ガボンなどでほかの食物の甘味づけの材料として使われている。ピグミーやほかの民族の子供たちは、ディオスコレオファイラムやペンタデイプランドラの果実を好んで食べるそうだ。

甘味で動物を翻弄する

西アフリカ産の熱帯植物であるミラクルフルーツは、口に含むとすっぱいものが甘ずっぱく感じられるという奇妙な効果を持ち、それで「ミラクル」（奇跡）と呼ばれる。先住民は酸味の強いヤシ酒を飲むときなどにこの実を利用するという。この果実から抽出した成分が、ミラクリンと名づけられたたんぱく質である。

なぜ、ミラクリンのような奇妙な物質が生まれたのだろうか？

すっぱいくだものや甘ずっぱいくだものは多い。ミラクルフルーツは、こういった果実を食べる動物を種子散布者として利用するのではなかろうか。つまりすっぱい果実を作るほかの植物を利用して、

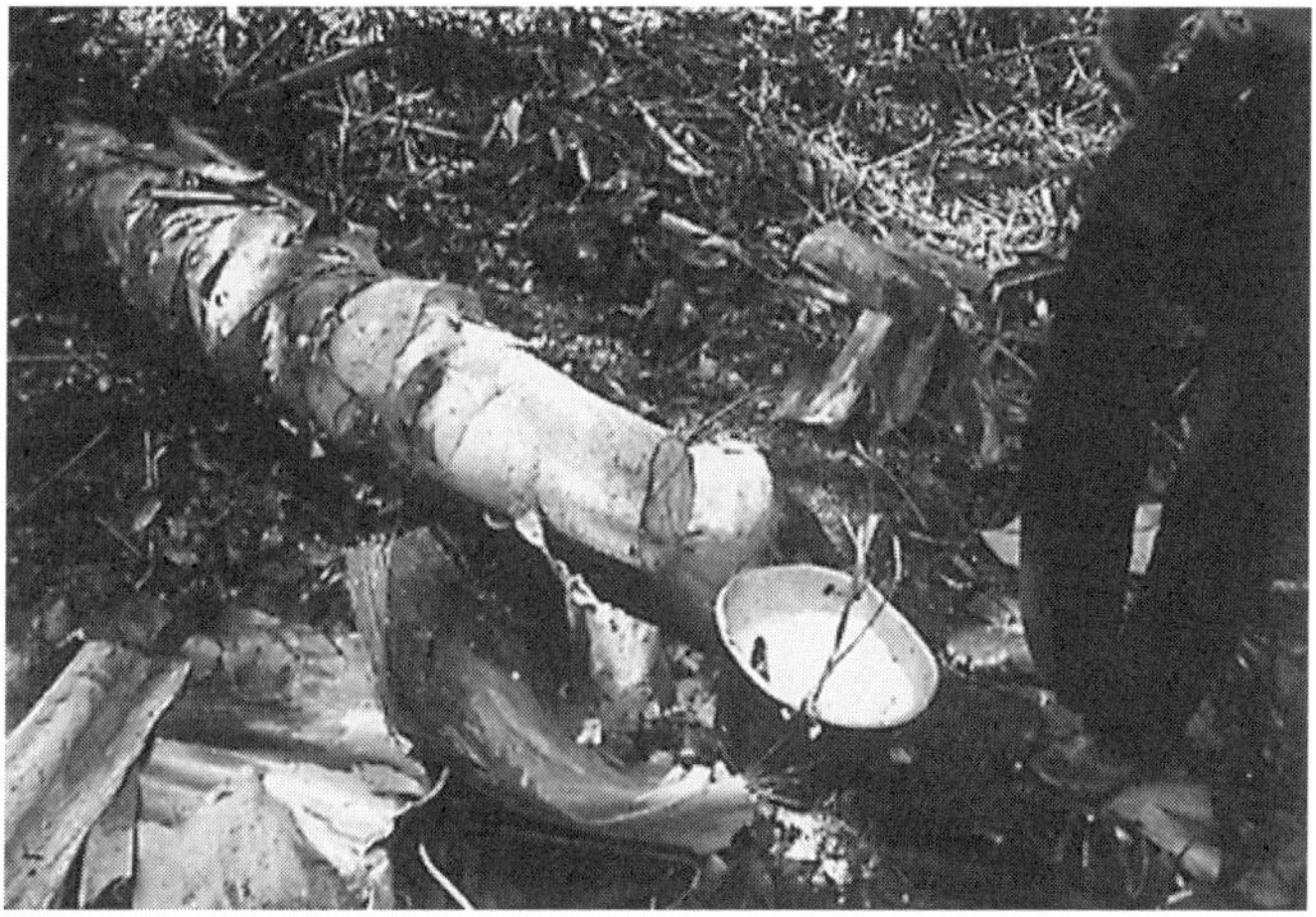

カメルーンのヤシ酒。西アフリカでは、すっぱいヤシ酒を飲むときにミラクルフルーツもいっしょに口に入れて甘味を感じるようにする。（撮影／塙 狼星）

低コストで種子を散布することができるわけだ。

東南アジアやアフリカなど、熱帯地方のガガイモ科の植物ギムネマ・シルベストルの葉には、甘味をまったく感じなくさせるギムネマ酸と呼ばれる成分がある。どうしてこんな物質が生まれたのだろうか。

ギムネマ酸は果実でなく葉っぱに含まれるということがヒントになる。果食者には葉っぱも食べる霊長類が多い。ギムネマ酸は、類人猿にギムネマの葉を食い荒らされないようにする植物のくふうなのではないか、というのが私の仮説である。

※1　受容体……細胞に存在し、細胞外の物質などをシグナルとして選択的に受容する物質（たんぱく質）の総称。リセプターともいう。

※2　仮種皮……アリル。種子の表面をおおっ

ている特殊な付属物。胚珠とは異なった部分　が平面的に広がって種子をおおうようになったもの。ニクズクやマサキなどの実にある。一方、種子の成熟にともなって、胚珠の珠皮が変化して種子の周囲をおおうようになったものを種皮という。

2　動物によって味覚は違う

味覚と系統関係

蔗糖や、アミノ酸のアラニンなどは、どんな哺乳類でも甘味を感じる。しかし、前節で紹介した甘味食品などは、動物によって感じ方はまったく違う。つまり、動物の系統によって、甘味を感じる能力が異なっているわけだ（図3-1）。

たとえば、味覚を変えるミラクリンの効果が認められるのは霊長類の真猿亜目だけで、原猿亜目やラット、イヌ、ウシなど霊長類以外の哺乳類には認められない。このことは、四〇〇〇万年前に昆虫食者としての原猿から、果実食者としての真猿類が進化したあとにミラクリンを感じる能力が生まれたと考えられる。

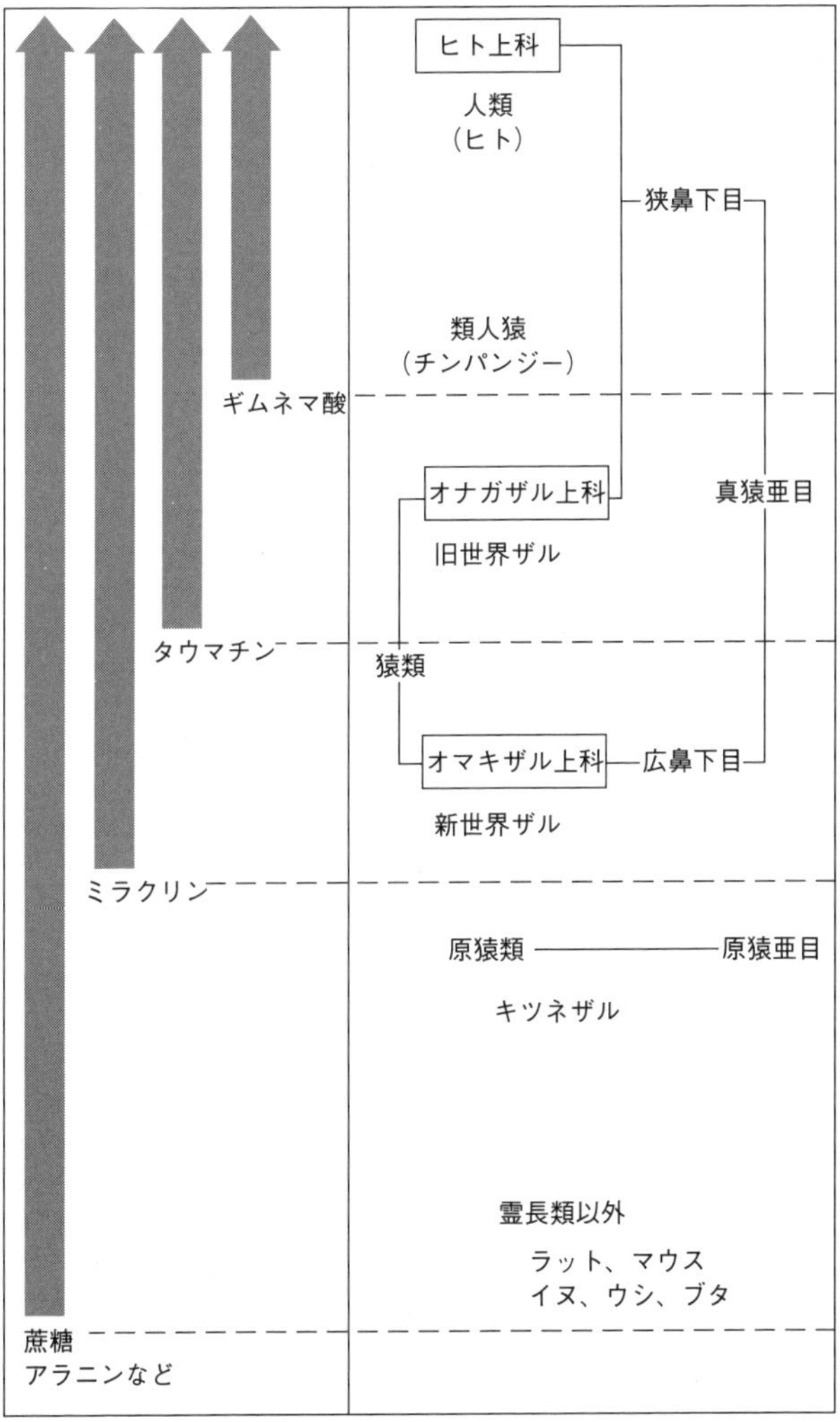

図3-1●霊長類の甘味受容器の系統発生
（二ノ宮裕三　1993「歯界展望」5：1109の図1を簡略化）

タウマチンを感受する能力はもっと狭い。これは、原猿亜目だけでなく真猿亜目のうちの広鼻下目つまり新世界のサルは反応せず、狭鼻下目つまり旧世界のサルと類人猿とヒトだけが反応を示す。このことは、狭鼻猿が広鼻猿と分かれた三〇〇〇万年前以降に、狭鼻猿の系統だけにこの能力が生まれたことを示す。

モネリンの感受性進化はタウマチンより複雑である。これも狭鼻下目のすべての霊長類が味を感じ、その他の霊長類の大部分は甘味を感じない。しかし、原猿のマングースキツネザルとか広鼻猿のタマリンの一種とかリスザルの一種などがある程度の感受性を持つ。それゆえ、この甘味感受能力は独立に何回か進化したわけである。

感受性が最も限られているのは、ギムネマ酸である。これは、狭鼻下目でもオナガザル上科には無効で、ヒト上科つまり類人猿とヒトだけに甘味抑制効果が見られる。

チンパンジーとヒトの味覚は近い

ヒトと類縁がいちばん近いチンパンジーが、ヒトと最も近い味覚を持っていると想像しても大きなまちがいはなかろう。[※1]キニーネという苦い物質がある。どれほど濃度が薄ければ受け入れ、どれほど濃ければ受け入れられないかを多くの動物でテストすると、図3-2で見るように、ヒトの味覚はラットとは大きく異なり、サルとはかなり近く、チンパンジーとは最も近いことがわかる。[※2]フェニールチ

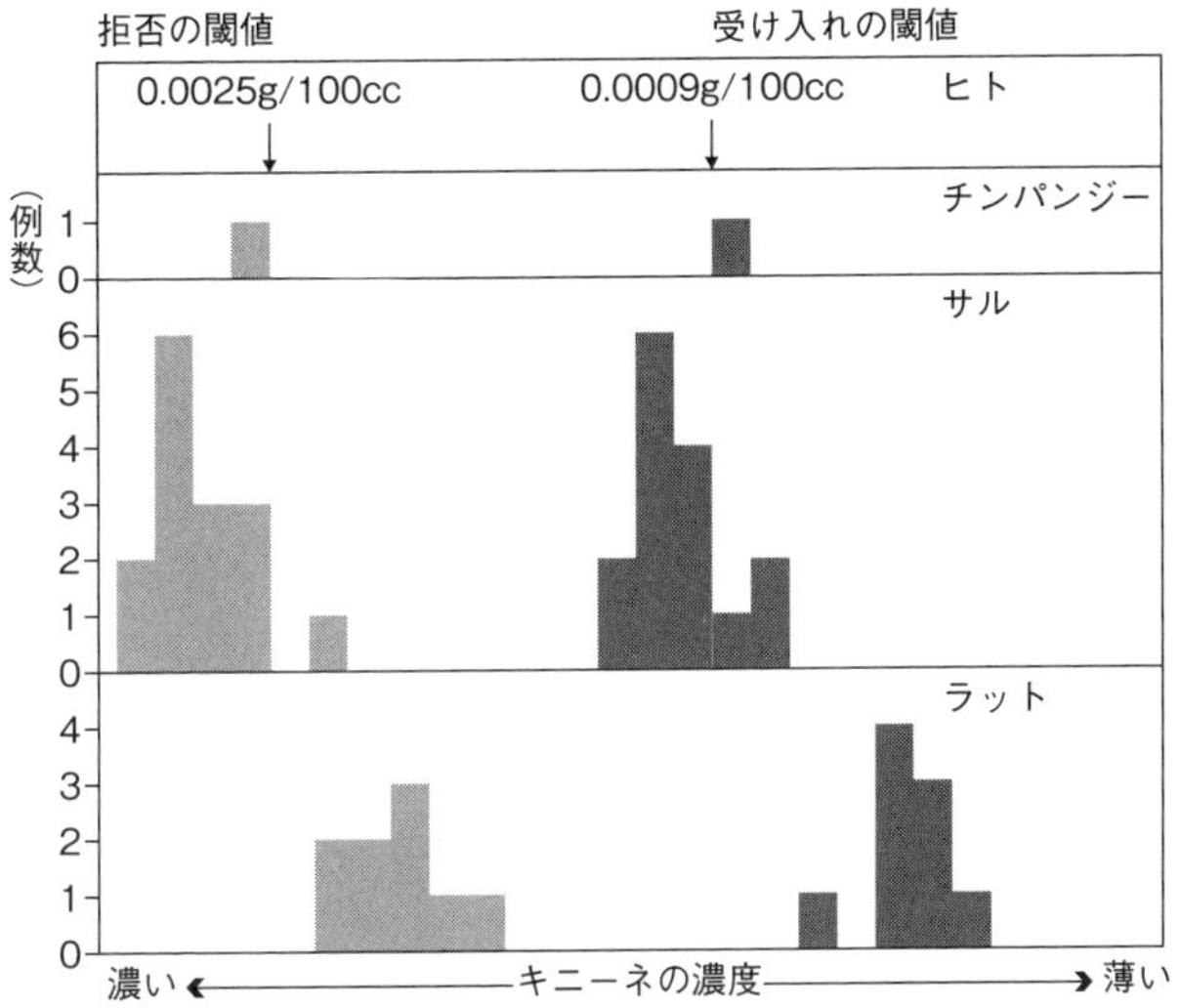

図3-2●キニーネに対する受け入れの閾値と拒否の閾値
(Kalmus 1970を改変)

オカーバマイド(PTC)という物質を苦いと感じる人と、感じない人がいる。後者をPTC味盲という。チンパンジーにおけるこのPTC味盲者の割合は、ヒトにおける割合と同じである。しかも、味盲者が男(雄)に多く、女(雌)に少ないことも同じである。

ヒトの味覚は高級か?

以上の話から、ヒトはいちばん複雑な味覚を持っている、あるいはヒトは最も進化した味覚を持っていると結論するのは誤りである。ほかのたんぱく質で、ヒトが味を感じないが、ほかの動物が感じているものがあるかもしれないからである。ヒトにはわかりにくいこういった研究はほとんどなされていないから、動物の真の能力は隠されたままである。非常に多くの人がヒトは進化の頂点に立っていると考えているが、それはヒトの特徴を最善と考えているからであり、人間中心主義の所産にすぎない。

※1　キニーネ……キナノキの樹皮に含まれるアルカロイドの主成分。熱帯熱マラリアの治療のさい、点滴で血流に入れる。

※2　フェニールチオカーバマイド（PTC）……フェニルチオ尿素ともいう。N−C=S基を含み、味の特性はこの基による。味のわかる性質は単一の遺伝子対により、ホモ接合体でもヘテロ接合体でも発現する。

3　チンパンジーの食物の味——味覚による食の選択

チンパンジーの食べ物を毒味する

野生のチンパンジーは、畑荒らしをする。サトウキビやトウモロコシやバナナの茎の髄を食べる。もちろん、マンゴー、パパイヤ、グレープフルーツ、グアバ、オレンジ、レモンなどの果実が害を受けることが最も多い。ただし、畑荒らしをするのは、マカクの仲間や、ヒヒやオマキザルなど数多く、それだけではチンパンジーとヒトの味覚の近さを証明するものではないが、一方人間の作物を荒らさないコロブスザルなどと比べて、こういった畑荒らしをする霊長類のほうがヒトと味覚は近いとはいえるだろう。

さて、チンパンジーの味覚の世界は、どれほどヒトのそれと近いだろうか？　チンパンジーの食物はどんな味がするだろうか。

霊長類の研究者のだれもがするように、私も研究当初からチンパンジーの食べ物を毒味した。野生の果実の多くは、住民のトングェ族[※1]の食べ物でもあったので口にするのは抵抗はなかった。しかし、人々が食べないものを毒味するのは若干勇気がいる。研究当初の頃のある日、ピクナントゥスの果実の仮種皮を食べたら、あまりの苦さにびっくりし、それ以後私は住民の食べないチンパンジーの食物には手を出さないことにした。

分け隔てなく食べる勇気

一九九〇年代中ごろのことだが、チンパンジーの味覚についてもっと系統的に試食してみることにした。それも、「食べられそうだなあ」と思われるものだけを選んで食べたり、トングェの人たちに食用になると教えられたものだけを食べるのではなく、分け隔てなくなんでも食べてみる必要がある。

これは思ったほど簡単ではない。というのは、植物は同種でも個体によって栄養価や味も違うので、チンパンジーが食べるのと同じ個体から食べなければならない。「同じもの」を食べるといっても、もちろんチンパンジーが口に入れてしまったものを回収するわけにはいかない。

毎朝チンパンジーの大人の雄を一頭選び、そのあとをつけて、食べ始めたら、彼が食べているのと同じ植物個体から、果実なり、葉なりを採取して口に入れるわけである。同種の植物でも、個体が違えば栄養も味も違う。とくに熱帯林の樹木はそうである。困ったのは小さい灌木のわずかな葉とか果実を食べた場合である。うかうかしていると、チンパンジーは皆食べてしまい、私の毒味する分がなくなる。そういうときは、片手を伸ばして横どりしなければならない。すると、チンパンジーは怒り吠え立てる。まったく「命がけ」の調査だった！

「命がけ」の結果

塩辛い食物はまったくなかったので、味を「苦い」「渋い」「甘い」「すっぱい」、「甘酸っぱい」、「甘渋い」、「甘苦い」と「無味」を合わせて八種類に分類した。また、食物品目を果実、葉、髄、その他（種子、花、虫嬰《えい》※2、樹皮など）の四種類に分ける。果実は同じ種でも味が違うので、完熟と未熟で二品目に分けた。こうして、一二三の食物品目を試食した。

意外だったのは、「甘い」は三〇品目（二四％）にすぎず、三五品目（二八％）もの多くが「無味」だったことである。ただし、「無味」といっても、なにも味がしないということではなく、先に述べた七つの味のどれにも該当しないということだ。三四種類の葉の四四%、一五種類の髄の四七%が無味だった。

果実は完熟から未熟まで含んでいたので、その味は甘い(五〇%)、甘ずっぱい(一四%)、甘渋い(九%)、甘苦い(七%)、無味(七%)などまちまちだった。

季節ごとに変わる味の世界

これらの結果は、品目別の割合であり、食べられた量を考慮に入れていない。量を考慮するために、各品目ごとに食べられていた時間で重みづけして、チンパンジーの味の世界を再構成してみよう。チンパンジーの各食物品目の採食時間を味ごとに合計して、割合を示したのが図3-3である。一九九四年の六月から八月はチンパンジーは「甘い」ものを食べて過ごした時間が五〇%以上もあることがわかる。アフロセルサリシアという甘い漿果が大豊作だったのだ。一九九五年の調査は九月から一一月で、食物はほとんど重ならない。この時期には、キョウチクトウ科の甘ずっぱい漿果サバや、ウルシ科の甘渋いシュードスポンディアスの漿果、ニクズク科のピクナントゥスの苦い仮種皮などがおもな食べ物で、純粋に「甘い」食物はわずかであった。チンパンジーの味覚の環境世界は年ごと、季節ごとに大幅に変わると考えられる。

苦いものは少ない

さて、チンパンジーの食物を試食してわかったことは、苦くて呑み込めないものがたった五品目しかなかったことである。チンパンジーは、苦い食物、つまりアルカロイドをたくさん含んだ有毒の食物をできる限りとらないようにしているのだ。この点、苦いものをたくさん食べても平気なオナガザル科のサルたちとはおおいに異なる。

ヒトは類人猿の仲間で、腸内で有毒物を解毒するよりは、有毒物をできるだけ口に入れないような戦略をとっていると考えられる。だから、さらしの技術や火の使用をはじめ、さまざまな調理法を発明したのではなかろうか。料理にもヒトの古い生物学的な背景が影響しているわけである。

※1　トングェ族……タンザニア西部の主としてサバ

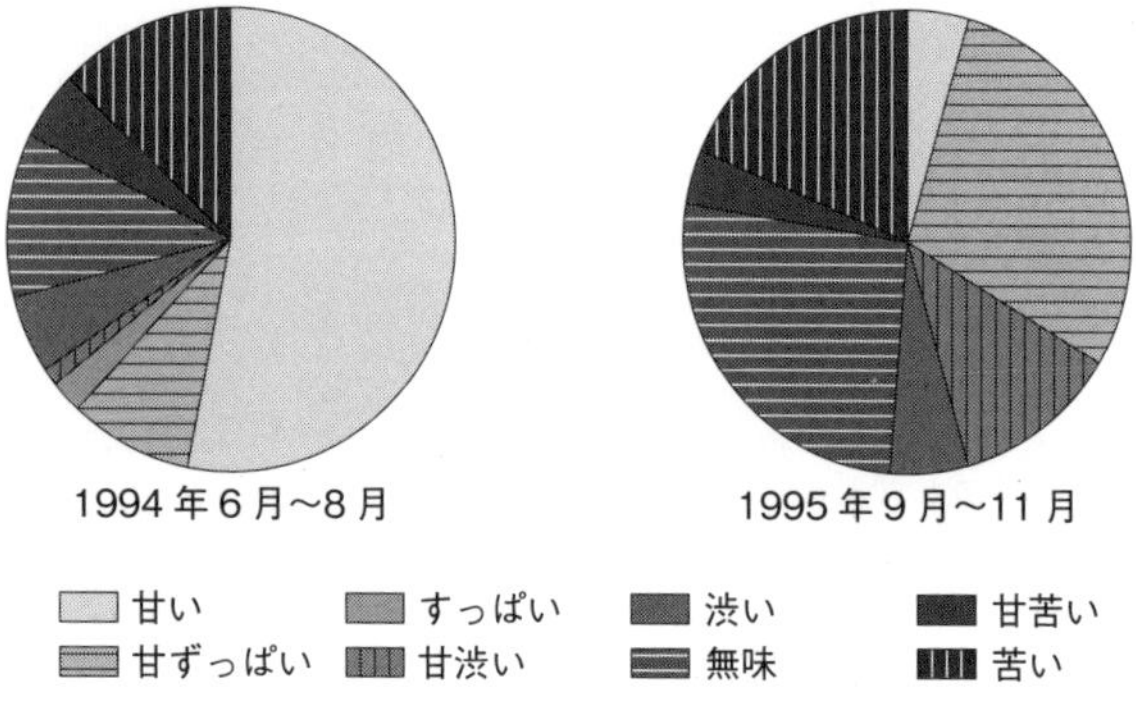

図3-3●チンパンジーの味の世界

ンナ疎開林に住むバンツー系原始焼畑農耕民で、一九七〇年代では総人口は二万人、人口密度は一平方キロメートルに一人程度だった。

※2　虫嬰……植物体に昆虫が産卵寄生し、その刺激による異常発育で形成されるこぶ。

4　どれくらいの低濃度まで味を感じるか——味覚の閾値

甘さの感じ方

多くの動物にとって、蔗糖は甘く感じられるようだ。しかし、どの程度の濃度で甘味を感じるかは、動物によって異なる。味を感じる最低の量を味覚の閾値と呼ぶ。これは、容器にいろいろな濃度の砂糖溶液を入れておき、のどの渇いていない動物がどの濃度以上なら水を飲むかで調べられる。驚くべきことに、霊長類の蔗糖の閾値は、一リットルにつき二〜一一三グラム、つまり濃度でいうと〇・二〜一一・三%で、非常に大きな違いがある。果糖の閾値も、似たり寄ったりである。閾値が低いとは、少しでも感じるわけだから敏感ということだ。完熟果実に含まれる水溶性の糖(果糖、ブドウ糖、蔗糖)は、ジュースでは通常六〜一八%である。これを乾燥させると、二五〜七〇%にも達する。イチジクには一・五％という低濃度のものもあり、鈍感な霊長類では甘く感じないわけである。

閾値については、いくつか一般則がある。一つは葉食者のほうが果食者より閾値が低いことである。ふだんは葉という甘味のない食物をとっている葉食者にとって、低濃度でも甘く感じる能力は、おおいに利益のあることなのだろう。

第二に、体重の大きいほうが、閾値は低い、つまり、甘さに敏感なことである。その理由はよくわからないが、体の大きい動物は葉食者であることが多いからかもしれない。しかし、例外もある。小型だが閾値の低い霊長類がいる。南アメリカのリスザルである。リスザルは、二五〇ヘクタールもの行動圏を持ち、高いエネルギーを消費する。甘さに敏感でないと、活動が充分できないのだろう。一方、東南アジアのスローロリスは、体が小さいといっても、べらぼうに閾値が高い。スローロリスの採食の習性は特殊化しており、たいていの霊長類が食べられない刺激性の昆虫を食べる。そのため、甘味に頼らなくても充分に栄養を満たせるのだろう。

同じ人間同士でも、味覚の閾値には大きな違いがある。一般に、サバンナに住む人々は、森林に住む人々より甘さに敏感であり、女のほうが男より敏感である。閾値の差が最大なのはブドウ糖である。小さいが差のあるのは蔗糖であり、果糖には差がない（図3-4〜6）。どうして、こんな差が生じるのだろうか？　森の中の果実はサバンナの果実より甘い。なぜかというと、森林では、種子散布者を求めて植物間により激烈な競争が起こるからである。動物はより甘い果実を選ぶから、植物は果実を

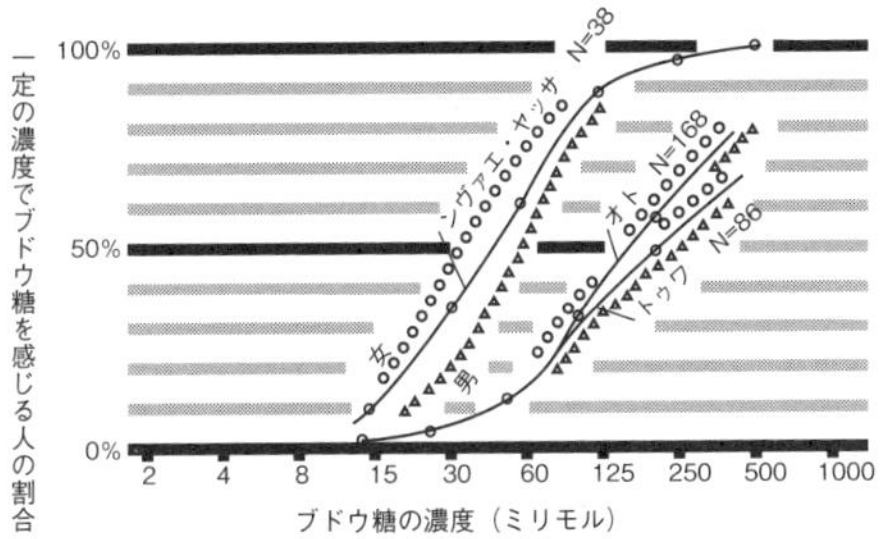

図3-4●住環境によるブドウ糖の閾値の違い（Hladik & Simmen 1996. Evol. Anthropol., vol.5, p.58-71.）

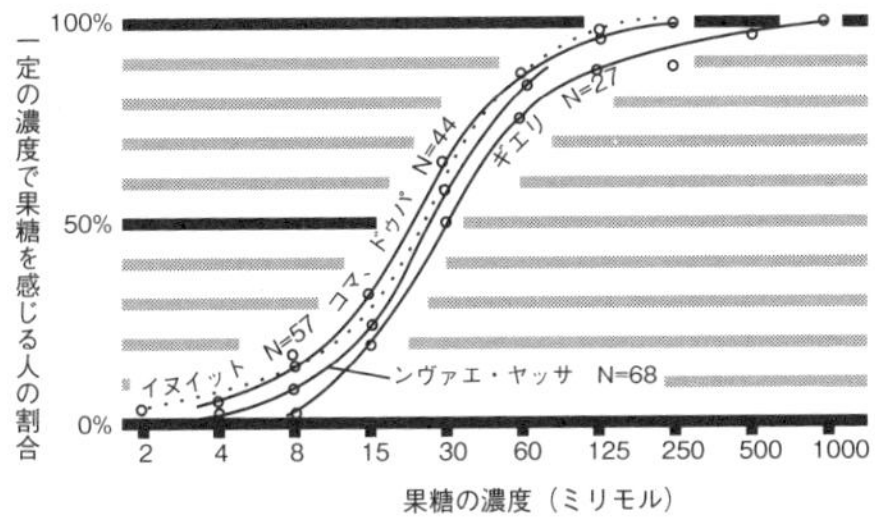

図3-5●住環境による果糖の閾値の違い（Hladik & Simmen 1996. Evol. Anthropol., vol.5, p.58-71.）

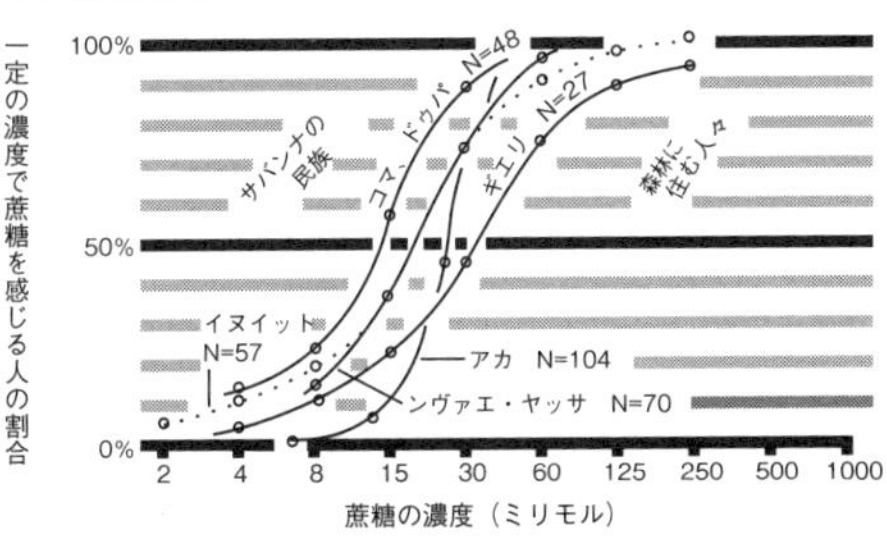

図3-6●住環境による蔗糖の閾値の違い（Hladik & Simmen 1996. Evol. Anthropol., vol.5, p.58-71.）

甘くして、種子散布者を惹きつけなければならない。こうして、森の果実はより甘くなるので、甘味に対する閾値は高くても、森の住民には生存上問題が起こらないわけである。それゆえ、森の住民ピグミーは甘味に鈍感である。ピグミーの食べる森林の果実の糖含有量（濃度）は、感じられる甘味の一〇〜五〇倍も甘い。一方、サバンナでは植物の多様性が低く、競争が少ないので、糖の含有量は低い。それを食べるサバンナの住民は、甘さにより鋭敏でないと糖分がとりにくい。また、妊娠し、授乳する女性は甘味に敏感になることで、より栄養価が高い食物を選びとると考えられる。

でんぷんや脂質に対して、どうして味覚受容性が明確でないのだろうか。それは、被子植物の進化史が新しいためだろう。おそらく、糖は初期の被子植物の果実に集中していた。脂質の多い果実は、もっと最近の進化過程の結果だろう。脂質の多く、薄い仮種皮は、糖質の多く甘い果肉より高いエネルギーを提供する。その結果、このような果実の種子は、多様な果肉食動物に散布される。

塩化ナトリウム（食塩）に対する感受性

森林環境では、ミネラルの欠乏は考えられない。たいていの植物部分には、乾燥重量の〇・五％（二〇ミリモル濃度）以下の塩化ナトリウムが含まれている。たいていの霊長類の塩化ナトリウム閾値は五〜五〇〇ミリモル濃度なので、塩味を感じない。塩化ナトリウムは、極地に住むイヌイットが最も敏感で、サバンナの住民がそれに次ぎ、トゥワ（ピグミーの一民族）など森林の住民がいちばん鈍感

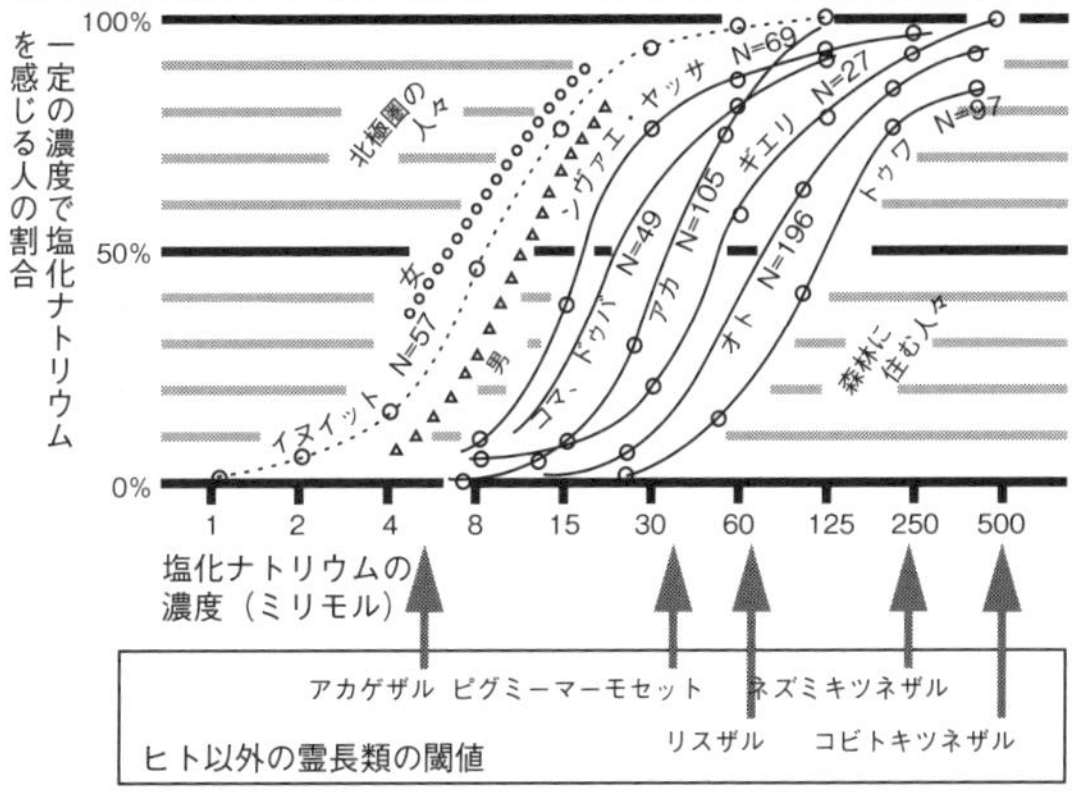

図3-7●住環境による塩化ナトリウムの閾値の違い（Hladik & Simmen 1996. Evol. Anthropol., vol.5, p.58-71.）

である（図3-7）。熱帯林に住む人間は、植物性食物をとっている限り、ナトリウム不足に直面することは考えられない。

イヌイットは、塩のとりすぎを嫌っているという。紀元前二〇〇〇年、グリーンランドの西岸のイヌイットは、生計活動を狭い海岸域に限った。主食はアザラシの肉と脂肪だった。血流の中にたんぱく質の代謝産物である尿素の蓄積を防ぐために、彼らは多量の水を飲む必要があった。多量のたんぱく質摂取はDIT（食事誘発熱発生）を起こす。氷山は海水と接しており、これを溶かして水を飲むと、ナトリウムの摂取過剰になる。ナトリウムをとりすぎると、血圧を高め心臓病を起こしやすい。それで、塩化ナトリウムに対する低い味覚閾値が自然選択される、という。

熱帯アフリカには、クワ科のムサンガ・ケクレピオイデスがある。この木の大きな葉柄は、乾燥重量の一・

三四%の塩化ナトリウムを含有している。チンパンジーはこれを食べない。また、甘味と同様に、女は男より塩味に敏感である。

苦味と渋味、酸味に対する感覚

苦味や渋味を感じさせる物質は、アルカロイド、タンニン、テルペン、サポニンなどである。有毒なものは、かならず舌で感じられるとは限らない。たとえば、ディオサインは、アフリカの林縁に生えるヤマノイモに含まれる致死的なアルカロイドであるが、無味である。温帯のアマニタ属のキノコも猛毒だが無味である。しかし、ヒトが「新しいもの嫌い」(ネオフォビア)の傾向を持つため、このキノコは避けられがちである。アルカロイドやタンニンの含有量の低い食物を選ぶのは、かならずしも一般的なルールではない。ガボンの森林では、三八二種の植物の一四%はアルカロイドを含んでいたが、チンパンジーの食物リストでは一五%はアルカロイドを多量に含んでいた。チンパンジーは特別の解毒システムを持っていないから、この結果は不思議である。おそらく、この環境のアルカロイドは、カフェインと同様、弱い毒性しか持っていないのだろう。

コンゴのウバンギ川の流域に住むアカピグミーは、キニーネに対し多くの人々より高い閾値を持つ(図3-8)。これは雨林の植物の毒性は低いからである。キニーネ感受性は、霊長類の間で大幅に異なる(五八頁参照)。つまり、一リットルにつき、〇・八マイクロモルで感じる種から、八〇〇マイク

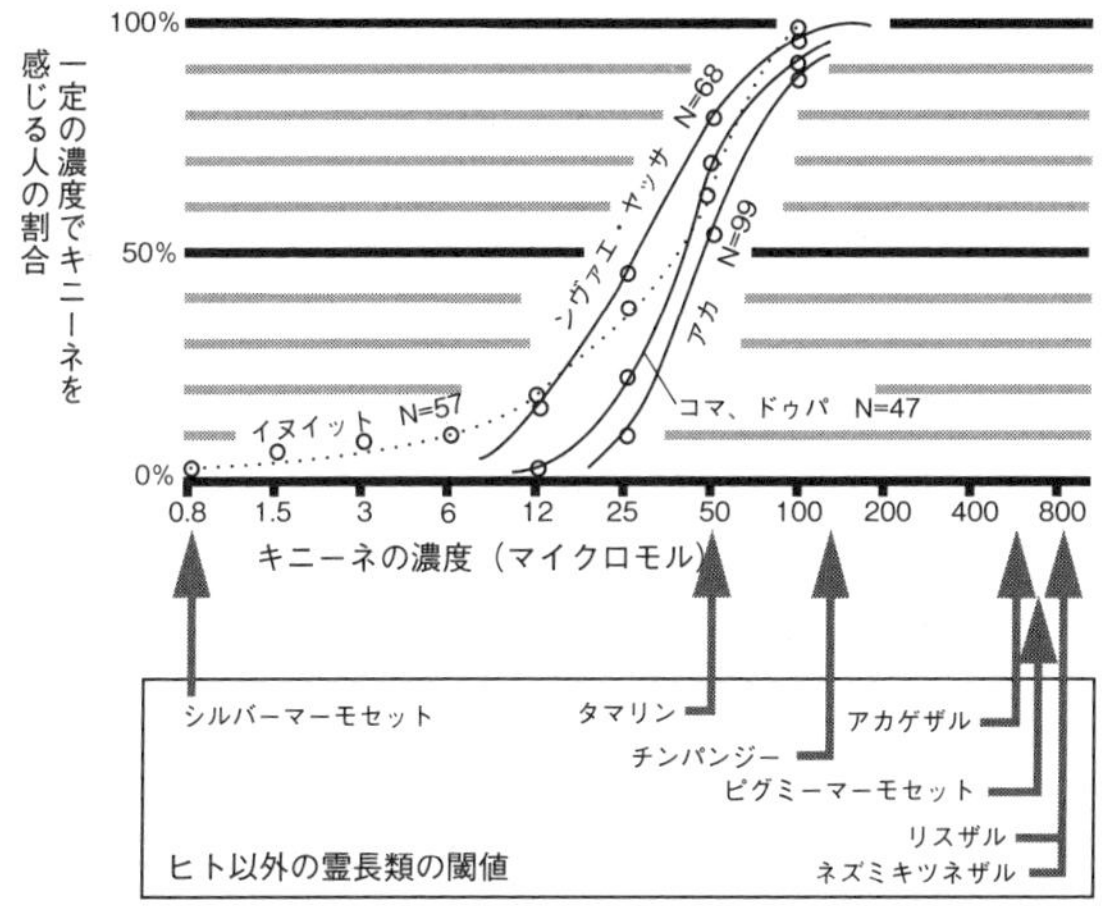

図3-8●住環境によるキニーネの閾値の違い（Hladik & Simmen 1996. Evol. Anthropol., vol.5, p.58-71.）

ロモルの濃度でないと感じない種まである。これは、異なる霊長類が、異なる栄養環境に適応した結果である。

たいていのヨーロッパ人は、タンニンの味がどんなものかわからないらしい。ぶどう酒の香りにはタンニンの味があるにもかかわらずである。欧米人は基本的な味を、甘い、辛い、すっぱい、苦い、の四つだと考えている。アジア人は「渋い」を加える。私がカレント・アンスロポロジーという米国の雑誌に投稿した論文に「五つの基本的な味」と書いたら、レビューアーが「文献を示せ」と注文をつけた。ところが欧米人の書いた教科書はどれを見ても「四つの基本的な味」(甘、酸、塩、苦) としか書かれていず、困ってしまった。「アストリンジェント」という言葉は、渋いという意味でなく、刺激的な、

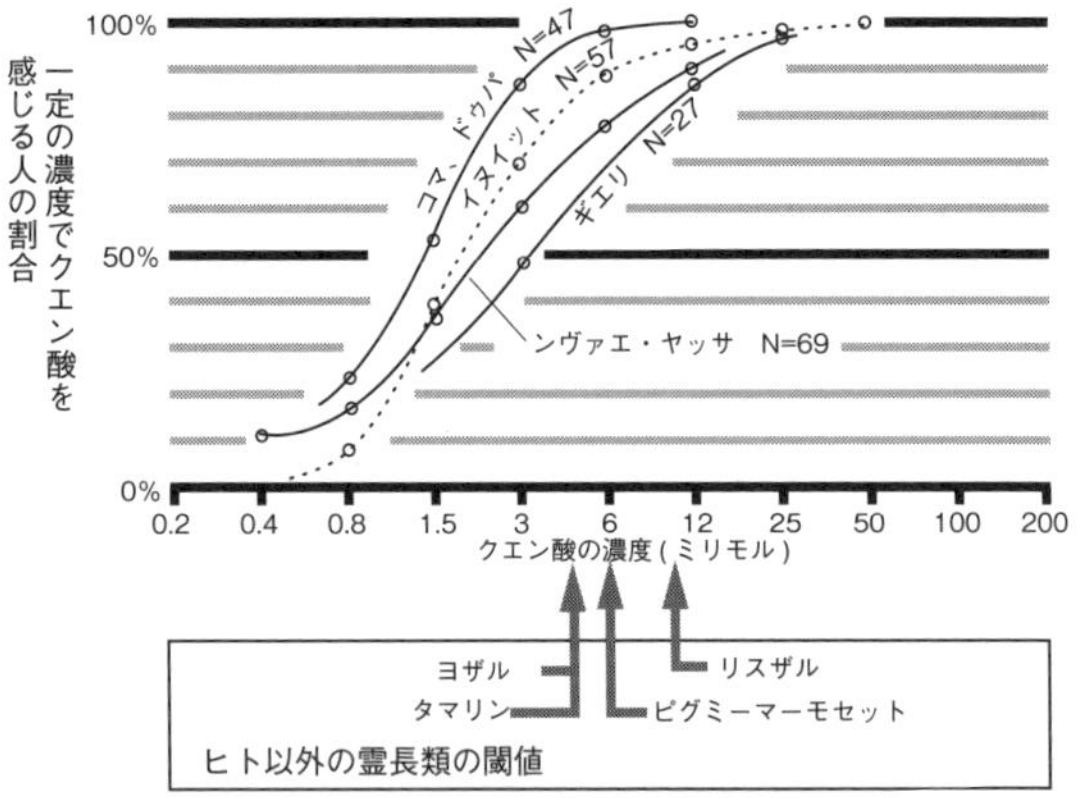

図3-9●住環境によるクエン酸の閾値の違い（Hladik & Simmen 1996. Evol. Anthropol., vol.5, p.58–71.）

きつい味ということらしい。つまり、「渋い」は苦味の範疇に入り、「渋い」という英単語さえ、存在しないのだ！ついでに言うと、「うまみ」も日本の研究者が永年提案して、やっと欧米の研究者に受け入れられたという経緯がある。

　渋味の感受性は個人差が大きい。〇・三〜一〇マイクロモル／リットル、つまり三〇倍の違いがある。動物もヒトも、果実に糖が多く含まれていれば、タンニンが多くても許容する。渋味、つまりタンニンを解毒するに必要なエネルギー以上に糖が含まれていれば、渋いものを食べてもエネルギー収支は合うわけである。

　クエン酸に対する感受性は、ヒトを含む霊長類の種の間で大きな差はない（図3-9）。シュウ酸に対する感受性は、ヒトの間で一〜二〇ミリモルの相違がある（図3-10）。ヨザルはすっ

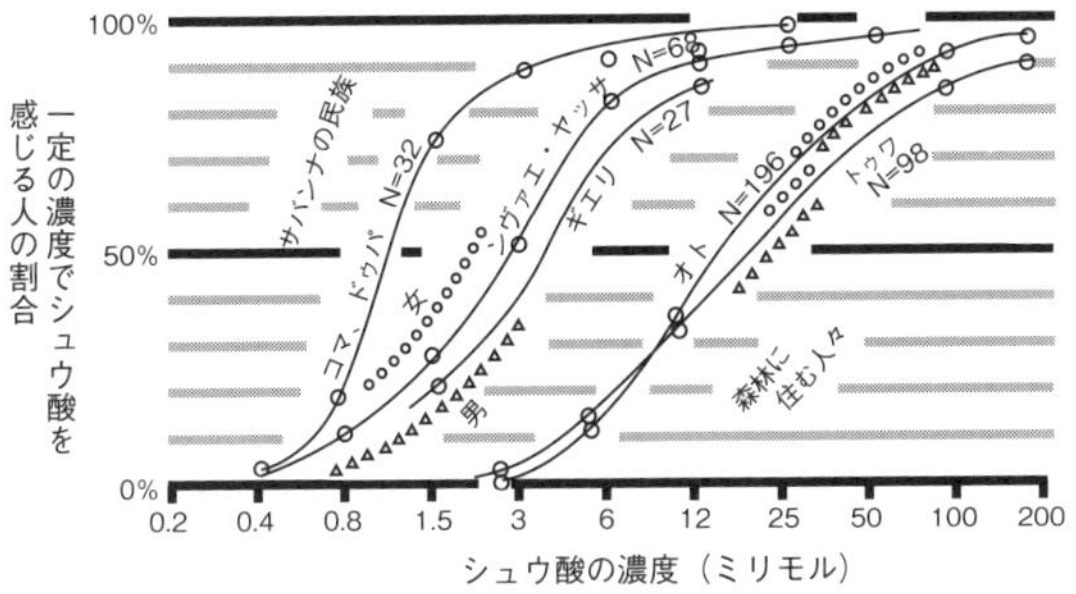

図3-10●住環境によるシュウ酸の閾値の違い（Hladik & Simmen 1996. Evol. Anthropol., vol.5, p.58-71.）

図3－4～10の用語解説

- イヌイット（Inuit）…エスキモーのこと。
- ンヴァエ・ヤッサ（Mvae Yassa）…カメルーン、ガボン、赤道ギニアの森林地帯に住むバントゥー系農耕民。
- コマ、ドゥパ（Koma、Doupa）…いずれも北部カメルーンのサバンナに住む農民。
- アカ（Aka）…アフリカ熱帯雨林のピグミー系狩猟採集民で、中央アフリカ共和国から、コンゴ共和国北東部、コンゴ民主共和国ウバンギ川東岸にかけて居住。
- オト（Oto）…コンゴ民主共和国の森林に住む部族。
- トゥワ（Twa）…ルワンダからコンゴ民主共和国にかけて住むピグミー系狩猟採集民。
- ギエリ（Gieli）…中央アフリカ共和国のピグミー系狩猟採集民。

ぱいものが大好きである。テナガザルの食べる果実もひどくすっぱいという。pH一・五までである。オランウータンとマカクはpH四〜五、ラングールはpH五以上である。ラングールなど葉食のサルでは、酸が強い（pH値が低い）と、前胃で発酵を起こす共生微生物を殺してしまうからだ（第1章-第4節参照）。果物は、酸味が減ると、糖分は増える。ヒトがすっぱいもの好きなのは、アスコルビン酸、つまりビタミンCをとりたいためだろう。

第4章　薬の起源――生物間の競争が薬を生む

1　食べ物としての葉――植物の化学工場

コストと利益のバランス

植物は幹や茎、樹皮、葉、花、果実、種子などの部分に分けられる。植物の目的は、動物と同様に子孫を増やすことである。どうして動物に食べられたり、破壊されるがままになっているのだろうか？じつは食べられるがままにはなっていない。まず、細胞壁などは、動物に消化されないようなセルローズやリグニンでできている。一部の原生動物[※1]はこれを分解する能力を進化させた。シロアリなどはこういった原生動物に腸という住み家を提供する代わりにセルローズを分解してもらっている。こういった関係を共生という。

植物はどんな生物にも分解されないような化学物質を生産すればよさそうだが、おそらくそれは非常にコストがかかるのであろう。生物の世界はなにごともコストと利益のバランスによって決まる。どんな生物にも分解されないが、あまりに高くつく化学物質を作るよりは、一部の原生動物に食べられるが生産費の安い化学物質を作ったほうが得なのである。「得」とはより多くの遺伝子のコピーを残せるという意味である。

植物の毒物生産工場

葉は光合成の工場である。光合成とは太陽エネルギーと水と炭酸ガスから、生物にとって必要な物質を生産する過程である。この工場を破壊されると植物は生長も繁殖もできない。それで、植物はほかの生き物に葉を食べられないように光合成の二次化合物としてアルカロイド[※2]、タンニン[※3]、フェノール[※4]などの有毒物を生産するようになった。青酸という強力な毒物を生産する植物さえある。

シロアリと同様、葉を食べるサルも、胃や腸に有毒物を分解する微生物を持っている。サルの場合はバクテリアである。アジアのラングールやアフリカのコロブスなどは、胃が三つに分かれ、バクテリアに葉を発酵させて栄養にしている（第1章-第4節参照）。

一方、こういった微生物を住まわす特別の器官を持っていないサルや類人猿には、毒に対処する三つの戦略がある。まず第一は、できる限り有毒な植物を避けることである。第2に、かたい生長した葉を食べずに、芽や若葉を選ぶことである。芽や若葉は一般に毒物をあまり含んでいないからである。第三に、多量の葉を食べるのは午後遅くにすることである。午後遅くならすでに胃腸には無毒なほかの食物がたくさん入っているので毒物がうすめられる。

どうして若葉は有毒物の含有量が少ないのだろうか？　光合成の新しい工場を作るには、多量の材料と大きなエネルギーが必要だ。そんなときに捕食回避の有毒物も同時に作っていては整備が遅れてしまう。有毒物も光合成によって作るしかないからである。ある植物個体は、ほかの個体より早く一人前の葉を作るため、若葉の段階を短くする戦略をとった。そのため若葉の時期に昆虫や脊椎動物にねらわれることになったが、その代わり捕食されなかった葉は早く光合成活動ができるようになったのであろう。ここにもコスト（被食）と利益（光合成の早い開始）の兼ね合い（トレード・オフ）の問題がある。毒物を若葉の時代から作るという戦略をとった植物個体は、葉を破壊される率は低くなったが、早く丈を高くすることができず、光を獲得する競争に敗れて、前者より遺伝子のコピーを多く残せなかったのであろう。

ところで、タンニンなどは、もともとは現在とは異なる機能を持っていたという説が最近表われた。

五億年前までは、最初の陸生植物や動物は、太陽光という敵と対抗しなければならなかった。それで、紫外線を吸収し、自らを守るための化合物を進化させた。これらの化合物が、花の黄色色素やリグニンやタンニンなどに進化したという。つまり、こういった化合物の初めの機能は、日焼け止めクリームみたいなものだったというのである。

自分の糞を食べる動物

葉っぱを食べる哺乳類には、自分が排出した便をもう一度口に入れる変な習性を持った者がいる。ウサギや一部の齧歯類や原猿のイタチキツネザルなどである。これらの動物は、大型化した盲腸に微生物を住まわせセルローズなどを発酵・分解させて栄養として吸収する。しかし、盲腸は肛門に近いため、大部分の栄養は糞として排出されてしまう。これらの動物は糞食によって、たんぱく質含量の多い腸内容物を規則的に再摂取するわけである。また、規則的に食べるのではないが、ゴリラの子供は親の糞を食べることによって腸内微生物をとり込むらしい（第6章—第1節参照）。

※1　原生動物……単細胞動物で、鞭毛・食胞などの細胞器官を持つ。アメーバ、ゾウリムシ、ツリガネムシ、プラスモディウム（マラリア原虫）などが属する。

※2　アルカロイド……植物体、特に葉、根などに含まれるアルカリ性有機窒素化合物。ニコチン、カフェイン、モルヒネ、コカインなど、少量で動物に対し著しい薬理作用を持つものが多く、現在1万種類知られている。

※3　タンニン……渋柿やお茶の渋味成分で、フェノール性水酸基を持つ芳香族化合物の総称。種子植物やシダ植物のほとんどに分布し、淡黄色から淡褐色の粉末になる。水に溶けやすく、たんぱく質を縮合させる性質があり、そのため動物の体にとって有害である。皮のなめしに使用。インク、染料、医薬品の原料。

※4　フェノール……ベンゼン核やナフタレン核の水素が水酸基で置換された化合物の総称。

2　薬の起源は二つある

「腐敗」は微生物の生存戦略

ジャンセン博士は、「なぜくだものは腐り、種子はカビが生え、肉はダメになるのか」という奇抜な題で論文を書いた。この質問にはどう答えたらよいだろうか？「腐る」というのは、果実がバクテリアやかびに分解されている状態をいう。腐ると果実は脊椎動物に食べられなくなる。つまり、種子散布されなくなり、繁殖できなくなる。だから、果実が腐らないようにくふうした植物は多くの子孫を残すだろう。

じつは、植物はそのためにくふうを凝らしている。かたい果皮、未熟な果実の苦味や渋味は、未熟な状態で脊椎動物や昆虫に食べられないようにするだけではない。カビやバクテリアのような微生物よけでもある。一方、微生物は大きな動物にごちそうをとられないように努力する。たとえば、昆虫が果実に小さな穴をあけたとしよう。微生物は、そこから侵入して腐敗を起こし、たちまち脊椎動物に食べられないようにしてしまう。果実の腐敗とは、バクテリアやかびが脊椎動物との競合に打ち勝つためのくふうだ、ということになる。

バクテリアやかびは脊椎動物にごちそうを食べられないように、食物を腐らせたり、栄養を低下させたり、毒物や抗生物質も作る。人工的な合成薬も、かびがもともと自然界で作っていた抗生物質をまねたものである。

薬の二つの起源

さて、私たちが薬として利用しているものの大部分は、これまで説明した現象を利用している。つまり、薬には二つの起源がある。一つは、植物が捕食者たる動物、とくに昆虫に食べられないように合成した光合成の二次生産物である。第二は、微生物やかびが、ほかの動物や微生物に食物を横どりされないように生産した毒物や抗生物質である。

第一の型に入るのは、「アルカロイド」と総称される窒素化合物、加水分解すると糖とほかの化合物ができる「配糖体」、そして「消化阻害剤」と呼ばれる物質である。

アルカロイドには、エフェドリン、キニーネ、ストリキニーネ、モルヒネ、コカイン、ニコチンなどの毒物が入る。多くの場合、ヒトの舌には「苦い」と感じられる物質である。

エフェドリンは中国で麻黄と呼ばれるトクサに似た灌木に含まれ、少なくとも紀元前二七〇〇年ごろにはすでに血液循環の促進剤や、ぜんそくの鎮痛剤として用いられていた。手術のさい脊椎麻酔をすると血圧が降下し、致命的にさえなる。血圧を高めるエフェドリンは、今でも手術のさいの必須の薬品である。

コカインはコカの木の葉を食べる昆虫の神経伝達を阻害して殺す、いわば自然の殺虫剤である。興味深いことに、通常のルールと異なり最もよく昆虫に食べられるやわらかい若葉のときに、コカの葉はコカインを最も多く含み、乾燥重量の一%にも達するという。ニコチンももともとタバコの葉を食い荒らす昆虫を殺す殺虫剤である。人間はこういった毒物を薬として使うだけでなく、嗜好品にまで仕立て上げてしまったのだから恐れ入る。

配糖体で有名なのは、ジギタリス、つまりキツネノテブクロという二年生草本の葉に含まれるジギトキシンである。心不全を調節する薬として利用されている。

消化阻害剤にはタンニンがあり、摂取されたたんぱく質と結合して消化しにくくしてしまう。それに対し、北極圏の灌木を食べる哺乳類は、タンニンを解毒するたんぱく質を唾液の中に含んでいる。

アルコールも、抗生物質の一種！

第二の型に入るのは、肺炎の特効薬であるペニシリンや結核の特効薬ストレプトマイシンといったおなじみの抗生物質である。抗生物質は、おもにほかの微生物を殺すために微生物が作り出すものである。しかし、オーレオマイシンをモルモットに与えたら、腸内の微生物コミュニティが破壊され、死んでしまったという報告もある。イースト菌は熟した果実をアルコールに変える。セキセイインコに酒を飲むませると人間の下戸と同様、居眠りしたり吐いたりするという。こうして、イースト菌は鳥に食べ物をとられないように果実を酒に変えたのだ。アルコールは普通抗生物質とはみなされないが、生態学的には、抗生物質だといってさしつかえなかろう。

3　チンパンジーの薬①――葉の呑み込み行動

チンパンジーのコーヒー説

タンザニアのゴンベ公園のチンパンジーが早朝一番に、つまり果実などの「食事」をする前に、アスター科の灌木の葉をかまずにゆっくり呑みこむのを発見したのは、ケンブリッジ大学の大学院生だったリチャード・ランガム氏である。その話を私が聞いたのは、彼が一九七一年にマハレを訪ねてきたときのことだった。「チンパンジーがこの植物を呑み込むのは、人間がコーヒーを飲むようなものかもしれない」と彼はいっていた。

一九七五年、私が本格的にチンパンジーの糞分析を始めたとき、大きな木の葉が糞の中に消化されずにそのままの形で出てくることがあるのに気づいた。そのまま、といっても葉の真ん中あたりで折れ曲がっているのが普通だった。それを洗って乾かして調べたところ、ランガム氏の発見したのと同じ属の植物アスピリアだった。私の観察ではアスピリアを食べるのは早朝ばかりではなく、むしろ日中のほうが多かった。しかし、私は早朝から夕方まで追跡していたわけではなかったので、早朝が多いか少ないか決定できなかった。

アスピリアの効能

かまずにゆっくり呑みこむのは不思議である。一分間に呑み込む枚数は、五〜六枚からせいぜい十数枚である。このペースでは、食物として摂取するには能率が悪すぎる。葉にはたんぱく質が含まれているわけだが、普通チンパンジーは多量の葉を速やかに噛んで食べる。なにか少量でも役立つ物質が含まれているのかもしれない。私はコーヒー説は信じられなかったので、東アフリカの民族薬学の本を調べてみた。そして、アスピリアの葉は、バンツー[※1]系の多くの民族が、けが、下痢、月経痛などさまざまな病気の治療に使っているという記述を発見したのである。私はランガム氏にこのことをしらせ、アスピリアの葉の呑みこみ行動の共著論文を一九八三年に出版した。私たちは、この葉に薬理的な作用を持つ物質が含まれているに違いないと指摘した。

民族薬学の資料だけでは、チンパンジーが薬を使っているというには、説得力が欠ける。それで、ランガム氏はカリフォルニア大学の生薬学者に分析を依頼した。上原重男さん（故人、当時は札幌大学助教授、その後京都大学霊長類研究所教授）と私は、マハレのアスピリアを集めた。生薬学者の分析結果は、われわれをおおいに興奮させるものだった。サイアルブリンA（図4-1）なる生理活性物質が発見されたのである。これは少量で線虫を殺すことができるので、チンパンジーが虫下しを使っている可能性が出てきた。学界やマスコミは大騒ぎになった。

一方、私たちは、マハレで、アスピリア以外にもニレ科のトレマ、ツユクサ科のツユクサ、クワ科のイチジクなど次々と早朝に呑みこまれる葉を発見していった。今度は、アメリカへ出さず、京都大学農学部食品工学教

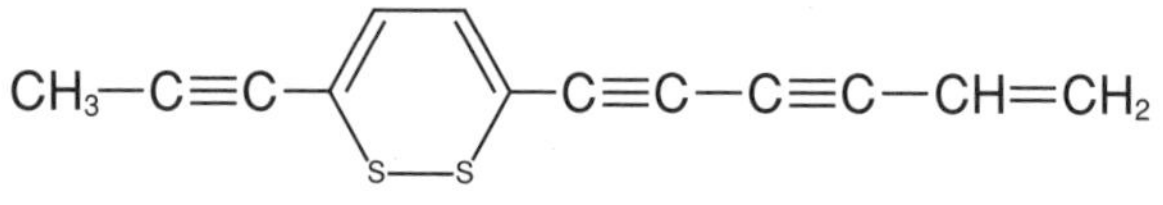

THIARUBRINE-A

図4-1●サイアルブリンAの構造式
アスピリアの根から抽出されたサイアルブリンAの構造式。
少量で殺菌や真菌、線虫類を殺す作用がある。

早朝にツユクサの葉を呑み込むチンパンジー。かまずにゆっくり１枚ずつ呑み込む様子は、食物として摂取する食べ方とは明らかに違う。（撮影／西田利貞）

室の小清水弘一教授（現在、京大名誉教授）、大東肇助教授（京大教授を経て、現在、石川県立大学教授）の両先生の所で分析してもらった。不思議なことに、これらの葉にはとくに強力な生理活性物質は見い出されなかった。

そのうちに、追試をしたアメリカの研究者が、アスピリアの葉にもサイアルブリンAは含まれていない、といい出した。何度も追試が行なわれた結果、薬が含まれているのはアスピリアの根であって、葉には含まれていないことがわかった。初めの研究は、分析のさい、根の成分がまぎれ込んでしまったらしい。いわゆる、コンタミネーション、つまり異物の混入が起こったわけである。

前から皆が気づいていたことは、呑み込まれる植物の葉は、どれも毛があり、表面がザラザラしていることである。イチジクなどは現地人がサンドペーパーに使うほどである。

そして、ときどき、葉っぱに寄生虫が包まれて排泄されることがある。これにヒントを得て、マイク・ハフマン君らは、チンパンジーが葉を呑み込むのは薬理成分を求めてではなくて、葉の物理的性質を利用しているだけだ、という仮説を提出した。ザラザラした葉で寄生虫を包み、腸の外へ排出するというのだ。

チンパンジーが薬を使うという仮説からいうと大幅な後退だが、この説はほかのいろいろな観察と矛盾しない。チンパンジーは、自分のやっていることに気づいているのだろうか？　これもおもしろいテーマである。

※1　バンツー……サハラ以南のアフリカ大陸の大部分の主要な居住者で、バンツー語系の言語を持つ民族。「バンツー」とはヒトという意味で、単数「ムンツー」の複数である。このように、基本的な語彙はバンツー諸族で共通している。

4　チンパンジーの薬②——ベルノニアの茎

チャウシクの異変

サル学を勉強するために京都大学大学院に留学したアメリカ人が二人いる。いずれも、修士課程では京都の嵐山にある岩田山でニホンザルを研究し、博士課程ではタンザニアのマハレのチンパンジーを研究した。最初に来たのがマイク・ハフマン君である。彼にとって二度目のマハレ行きのとき、彼は新発見に恵まれた。

一九八七年のこと、マイクはチャウシクという大人の雌を個体追跡していた。「個体追跡」とは一頭のチンパンジーをターゲットとして選んで、一時間とか一日とかその個体のみを追跡し続け、行動を記録することを指す。これは、ある特定の行動がどの程度の頻度で起こるのかを示すのに好適な方法である。

さて、その日チャウシクは身体のぐあいが悪かったらしく、食欲もなく、不活発で、倒木の上で長々と寝ころんだり、下痢をしたりしていたという。彼女の二歳半の息子ショパン、そしてチャウシクの友人ワンテンデレとその一〇歳の息子マスデイもいっしょだった。だから、マイクはチャウシクの活

左端がマイク・ハフマン氏、そのうしろは塚原高広氏（15 頁参照）、右から2 人目は筆者。タンザニアのンガンジャにあるムクルメ山の尾根で撮影。（撮影／西田利貞）

動がほかの三頭と違うことに気がついたのである。

追跡を開始して一時間半後、チャウシクは現地のトングェ語でムジョンソと呼ばれているキク科の灌木ベルノニアの若い茎の髄を食べた。この髄の汁はたいへん苦いので有名である。興味深いことに、食べたのはチャウシクだけで、ワンテンデレや子供たちは食べなかった。そして翌日の午後までには、チャウシクは元気を回復し、ほかのチンパンジーと同じように活動を始めたのである。

ベルノニアの分析

マイクはベルノニアこそチャウシクの病気を治した薬ではないかと考えた。それで、有効成分を調べるために、茎を採集して京都大学農学部の食品工学教室に持ち込んで、化学分析を依頼した。そして、小清水教授と大東助教授のチームは、ベルノダリンやベルノニオサイドなど多数の生理活性物質を抽出できたのである。小清水教授らによると、もしチャウシクが薬を求めてベルノニアを食べたとすれば、なかでもベルノニオサイドB_1（図4－2）という物質こそ、チャウシクの病気を治した成分である可能性が高いという。なぜなら、この物質は若い茎の髄に特別に多く含まれ、またベルノダリンのような強い毒性も持たないからだ。

「ベルノニアは薬」という仮説

さて、(一) ふだんあまり食べられない植物を、病気のチンパンジーが食べるのが一度見られた、(二) その植物から低濃度で細菌や線虫類[※1]を殺す成分が含まれていた、というだけでは、チンパンジーが薬を使っているということを証明したことにはならない。なぜかというと、どんな植物も多数の生理活性物質を含んでいるので、調べればなんらかの有効成分は見つかるからである。病気のチンパンジーが食べたという観察

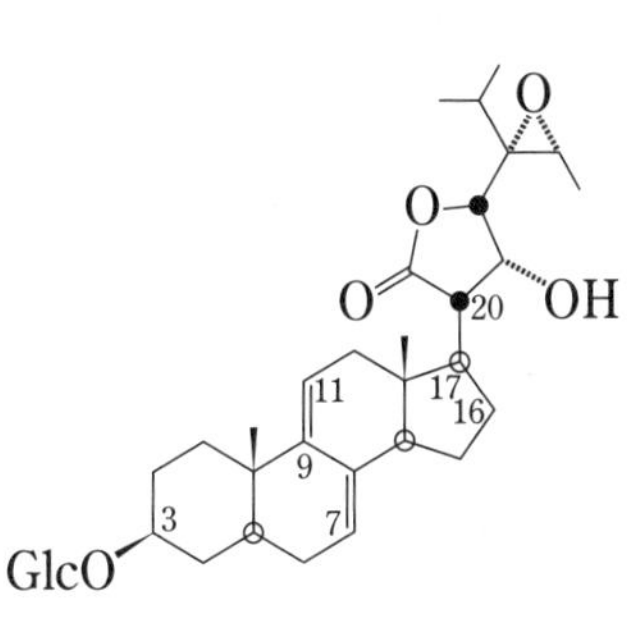

図4－2●ベルノニオサイドB_1の構造式ベルノニアの茎から抽出された生理活性物質ベルノニオサイドB_1の構造式。

は一度きりである。病気のチンパンジーがベルノニアの茎を食べるという観察が繰り返しなされれば、ベルノニア＝薬仮説は有力になるだろう。

ベルノニアの茎が薬かどうか私が少し疑っている理由は、一見して健康そうなチンパンジーもこれを食べるからである。チンパンジーがベルノニアの若い茎を食べるのは、遅くとも一九七三年あたりから私は観察している。それも病気のチンパンジーではなく、まるで通常の食物であるかのように、むしゃむしゃと食べるのを見ているのである。チャウシクも健康なときにも食べていた。もちろん、こういった観察も、ベルノニアが駆虫剤のような「常備薬」として用いられているとするなら仮説を否定するような材料ではない。

もう一つ、薬用説に疑いを持つ理由は、ベルノニアの若い髄が、たんぱく質をたくさん含んでいることが最近わかったことである。乾燥重量で二〇％という蛋白含有量はチンパンジーの好物であるエレファント・グラスというイネ科の若い茎と比べても遜色がない。すると、茎は栄養価が高いので、苦くても我慢して食べるのだということかもしれない。しかし、これも充分な反論にはならない。つまり、栄養価も高く、かつ薬でもある、ということかもしれないからだ。

もし、チンパンジーが薬を使っており、その中から、人間にも役立つ薬が発見されれば、大反響を呼ぶだろう。実際、アスピリアを呑みこむという私たちの観察も、マイクの観察も日本の新聞だけでなく、『ニューズウイーク』のような海外の雑誌にも何度かとりあげられた。強い関心を引く話題なのである。チンパンジーが薬を使うおかげで彼らの生息地が保全されるかもしれない。そうであれば、チンパンジーの保全のためにも、彼らが薬を使っているかどうかをさらに研究する必要がある。

※1　線虫類……袋型動物の線虫綱に属する動物の総称。体は円筒状や糸状で、長さ数ミリメートルから三〇センチ。体節構造を持たない。寄生性のものが多い。カイチュウ、フィラリアなどが含まれる。（講談社『日本語大辞典』）

5 動物たちが使う薬――森は薬の宝庫

薬を使うのはチンパンジーだけではない

チンパンジーの薬の話を二節にわたって記したが、じつは動物が薬を使っているかもしれないという疑いは、もっと前から持たれていた。ダニエル・ジャンセン博士は一九三〇年代から六〇年代にかけて出版されたさまざまな分野の雑誌の中から興味深い逸話を集めて、すでに一九七八年に総説を出版している。ジャンセン博士の記しているものを中心に、おもしろい話を紹介してみよう。

インドスイギュウはキョウチクトウ科のある種の植物の樹皮を食べる。この植物の種小名は「下痢を止める」という意味なので、スイギュウの摂取の目的は下痢止めかもしれない。

メキシコの民話によると、イノシシはザクロの根を非常に好む。ザクロの根の樹皮は、脊椎動物の腸内に寄生する条虫にとって毒性の強いアルカロイドを含んでいるといわれている。同様に、インドのボエラビアという植物は伝統的に駆虫剤として用いられてきた。インドの野ブタがこの植物の根を選択的に掘って食べるので「ブタ草」と呼ばれているくらいである。

アジアのニカクサイは、タンニンを豊富に含んだケリオプス属のマングローブの木の樹皮を非常に多量に食べるので、その小便は鮮やかなオレンジ色を呈しているそうである。これほど多量のタンニンは膀胱や尿道の寄生虫を追い出すだろう。ところで、私たちがアフリカでアメーバ赤痢にかかったときにのむ特効薬はかつてはエンテロビオフォルムだったが、その重量の五〇%はタンニンだという。

アラスカのヒグマはリグスチクムという植物の根を噛みしがみ、吐き出して、自分たちの毛皮にすり込む。この根は一〇五にも及ぶ活性物質を含んでいるので外部寄生虫を殺す可能性がある。ナバホインディアンもこの植物を薬として使うが、もともとヒグマを見習ったものだといっているという。

W・J・ハミルトンⅢ世博士らの調べたチャクマヒヒは、ダツラ(チョウセンアサガオ)の二種とユーフォルビア(トウダイグサ科)の一種を、わずかずつだが恒常的に利用していた。これらの植物は毒性があり、幻覚を生じさせることが知られている。ダツラのラッパのような白い花は有名である。

フィリップ・コンロイ博士は、エチオピアのヒヒのうち、静脈内に寄生する住血吸虫の危険にさら

ダツラ。毒性があり、幻覚を生じさせるこの植物をチャクマヒヒは常用している。（撮影／西田利貞）

されている集団はバラニテスの果実を食べるが、その危険のない集団は食べないことを指摘した。バラニテスの果実は、住血吸虫の幼生であるセルカリアや成虫を殺すことが知られているステロイドのディオスゲニンを高濃度に含んでいる。しかし比較した集団はヒヒといっても種が違うので、寄生虫駆除以外の説明も可能である。

ホエザルが雌雄を産み分け？

たいていの報告は寄生虫の駆除と関係しているが、動物はほかの目的でも化学物質を利用しているかもしれない。たとえば、ホエザルは子供の性を薬を使って産み分けている可能性があるという。ウイスコンシン大学のカレン・ストライヤー博士の研究によると、彼女が調べたホエザルの群れの最高位の雌は八頭もの子供を産んだが全部雄だっ

ホエザルは子供の性の産み分けに薬を使っている可能性がある。（撮影／伊澤紘生）

た。彼女は繁殖期になると、きまって通常の行動圏を離れ、いつもは食べない特定の植物の葉を食べるという。現在、その葉になにが含まれているか検査が行なわれている。同じく、南アメリカのムリキというサルはエンテロロビウムという植物の果実を食べる。これはスチグマステロールを含んでおり、出産の時期を開始させるのに使っている可能性がある。

コアラはユーカリ属のさまざまな樹木の葉を食べるが、それは温度調節に役立たせている可能性があるという。ある種は体温を高めるような、そしてほかの種は低めるようなオイルを含んでいるからである。

こういった話は哺乳類だけではなく、鳥類にも報告がある。たとえば、ヨーロッパのムクドリは孵卵するとき、わざわざ揮発性のある特定の緑葉を巣の材料に用いる。ツメバケイという南アメリカの鳥も同様のことをするらしい。

熱帯降雨林の可能性

紹介した話は、いずれも逸話の域を出ない。しかし、植物、とくに熱帯降雨林の植物がどれくらい薬に利用できるか、ほとんどわかっていないといっていいのである。アマゾンの民族植物学の権威であるリチャード・シュルツ博士は、長年コロンビアで研究を続けて『癒す森』という大著を著した。その弟子のマック・プロトキン博士は、シャーマンの弟子になって薬用植物を調べた。彼らによると、アマゾンには、約六〇〇〇種類の植物があると推定されているが、くわしい化学分析を受けたのは、たったの二%にすぎないという。日本でも、寺嶋秀明さん（神戸学院大学教授）や市川光雄さん（京都大学教授）は、アフリカ先住民の植物利用の総目録作成を目指す「アフローラ」プロジェクトを進めている。こういった研究が活かされて、伐採しないで熱帯森林を持続的に利用するという政策が取られるよう望まれる。熱帯林を牧場や農場に転換してしまうことは、長期的に見て大きな損失であることは、だれにも明らかであろう。

第5章　肉の獲得と分配——ごちそうを賢く手に入れる

1　肉食するサル——ヒトの定義

ヒトは肉食する唯一の霊長類か

哺乳類の食性は、大ざっぱに、虫食、植食、肉食、雑食に分けられる。「肉食」とは脊椎動物を食べることである。ヒト以外の霊長類は長い間、虫食者か植食者だと考えられていた。「長い間」とは、一九世紀後半のダーウィンの時代から一九六〇年代ごろまでのことである。それで、人類学の教科書には、「ヒトは肉食する唯一の霊長類」などと書かれていた。肉食はヒトの定義の一つだったのだ。しかし、一九六〇年代初めにジェーン・グドール[※1]がチンパンジーの、アーブン・ドゥボア[※2]がサバンナヒヒの肉食を観察してから、この定義が揺らぎ始めた。そして、一九七〇年代に原猿や南アメリカのサルの研究が進むにつれ、肉食をするサルの記録はどんどん増えていった。今や脊椎動物を自然状態で食べたという記録のある霊長類は四〇種にも達している。この中には、ネズミキツネザル、メガネザル、オマキザル、ニホンザル、ベルベットモンキー、ブルーモンキーなどが含まれる。ヒト以外の霊長類が食べる脊椎動物は、おもに爬虫類、哺乳類、鳥類であり、次いで両生類がくる。魚類を食べるサルは例外的である（第6章-第5節参照）。

しかし、いったん「常識」となった定義が変更されるには二〇年近くを要した。グドールはバナナでチンパンジーを餌づけしていたため、ある研究者は、ゴンベのチンパンジーはバナナというたんぱく質の少ない食物を多量に食べるようになったので、肉食を始めたのだといって批判した。つまり、純野生のチンパンジーは肉を食べないはずだというのである。しかし、バナナと肉食とはなんの関係もない。なぜなら、チンパンジーの肉食は、その後アフリカのあちこちで、餌づけの有無とは関係なく、長期研究がなされた所ではどこでも見られているからだ。

ヒトの狩猟行動

さて、「肉食するサル」というヒトの定義は崩壊したが、もう一つのヒトの定義「狩猟するサル」（ハンティング・エイプ）は、崩壊したとはまだいえない。爬虫類や両生類、つまりカエルやトカゲをサルが食べれば「肉食」とは呼べるが、「狩猟」というイメージからはほど遠いからである。ヒトの典型的な狩猟パターンは、計画し、獲物に忍び寄り、急襲し、殺害し、分配するという行動連鎖からなる。これをある程度示すヒト以外の霊長類は、ヒヒとチンパンジーだけだ。

ヒトの狩猟行動は、ヒヒやチンパンジーのそれとも異なる点がある。まず、獲物の大きさである。霊長類の中では、ヒトだけが自分の体より大きい動物を殺す。チンパンジーが殺す最大の獲物は大人のコロブスザルであり、せいぜい一〇キログラム程度である。ライオンがシマウマを殺すように、肉食獣が自分の体より大きい動物を殺すのは無論のことである。

第二に、武器の使用だ。槍、棍棒、弓矢、パチンコ、落とし穴、罠、鉄砲、カヤックなどさまざまな道具が使われる。チンパンジーの武器使用は、石を投げて親イノシシをおどし、逃げそこねた子供を食べたという逸話があるだけである。つまり、狩猟に武器を使わない。

第三に、肉への依存の高さである。狩猟採集民の肉への依存の高さは、緯度によって変化する。北方へ行くほど肉への依存度が高く、とくにイヌイットなどは季節によっては食事の一〇〇%近くを肉

自分で狩りもして死体食もするというヒトの狩猟の特徴は、ライオンなどの肉食獣と同じだ。（撮影／西田利貞）

に依存する。依存度の小さい南方狩猟民でも食事の三〇％は肉から摂取する。チンパンジーはたくさん食べる個体でも摂取する食料の五％以下であろう。ボツワナのブッシュマン一人が一年に食べる肉の量は平均八〇〜一一〇キログラムと推定されているが、マハレのチンパンジー一頭が一年に食べる量は平均一・八キロにすぎない（ただし、一〇七頁も参照せよ）。

第四に、死体食である。チンパンジーも、ほかの動物が殺した動物の肉を食べることがあるがまれで、偶発的である。偶然新しい死体に出合ったとき食べるだけだ。しかし、ヒトはライオンなどに殺された動物を意図的に探し、拾うなり、猛獣をおどして横どりしたりする。死体探しは、狩猟採集民の生存戦略の中に組み込まれているのだ。このように、自分で狩りもするし、死体食もするというのは、ライオンなどの肉食獣と同じである。

第五に、キャンプという肉の分配の場があることだ。獲物は殺されると、大部分はキャンプという一時的な泊まり場へ運搬される。そこで、家族や血縁者に分配される。

※1　ジェーン・グドール……一九三六年生まれ。イギリス人。ゴンベ公園で野生チンパンジーを研究し、肉食や道具使用を発見した。

※2　アーブン・ドゥボア……アメリカ人。ハーバード大学教授で、ケニヤでヒヒの、ボツワナでブッシュマンの研究をした生物人類学者。

2　チンパンジーのコロブス狩り――共同ではない集団狩猟

見飽きないコロブス狩り

野生チンパンジーの行動のうち、どれがいちばんおもしろいかと尋ねられたら、私はためらわずに「それは狩猟だ」と答えるだろう。それも、アカコロブスというサルを狩るときである。

アカコロブスは葉食性で樹上に住み、三〇頭以上の複雄複雌群を作る。彼らの縄張りは狭く〇・三

チンパンジー（中央の樹冠の下の黒い姿）に追い詰められて下方の木に跳び移るためにジャンプしたアカコロブス。（撮影／西田利貞）

平方キロメートル程度なので、三〇平方キロメートルのチンパンジーの縄張りには一〇〇以上の群れがある勘定になる。チンパンジーはコロブスの群れの分布を覚えている可能性が高いが、狭いといってもコロブスは毎日移動するのだから、群れの位置の最新情報は彼らの声から得ているのだろう。

サルの声を聞くとチンパンジーたちは仲間のほうを見たり、抱き合ったりする。それを合図にコロブスの群れの近くまで地上を接近し、地面にすわったり、少し木に登ったりして群れをうかがう。どこにどんなサルがいるか配置をモニターしているのだ。マハレのチンパンジーは、おもに赤ん坊や子供、若者のサルをつかまえる。モニターとは、こういったつかまえやすい個体を探しているのだろう。

ジャンプしたが地面に落ちてしまった大人のコロブス。脚をくじいてうまく木に登れなくなった。子供のチンパンジーが泣きっ面でそれを見ている。(撮影/西田利貞)

さてそれぞれが、狙いを定めると、あちこちで木を登ってサルを追跡する。しかし、大人の雄のコロブスは、チンパンジーの大人の雄にさえ向かって反撃する。すると、チンパンジーは金切り声を上げて逃げ、木から地面に下りてしまう。雄のコロブスがチンパンジーを追いかけて地面を走り回ることさえある。しかし、コロブスは基本的に樹上性だし、大人の雄は数頭しかいないから、またぞろチンパンジーたちは樹上のサルの近くに集まってくる。

大人の雄のチンパンジーは、急襲するだけでなく、大枝をたたいたり、蹴ったりしてサルをおどすこともする。サルは逃げてアルビジア(ネムノキ属)などの突出木の梢に集まってくる。そこで行き止まりになるとジャンプを敢行し、下層の木々に跳び移る。しかし、樹冠に着陸できずに地面に落ちてしまうことがよくある。そこには、チンパンジーの大人の雄が待ちかまえていて、脳震盪を起こしたサルを捕獲する。

コロブス狩りは集団狩猟だが、共同狩猟であるとはいえない。チンパンジーが一頭のサルを狙って追跡をしているとき、ほかの仲間はサルの逃げる先にうまく待ち伏せしている。しかしそれは、仲間に捕まえてもらおうとして追いかけているのではない。チンパンジーがそれぞれ自分でつかまえようとしているのだ。たとえば四頭のチンパンジーがうまく逃げ先をブロックしていたおかげで、一頭のチンパンジーがサルをつかまえたとする。もし共同狩猟なら、獲物は他の三頭の貢献者にも分配されてしかるべきだ。しかし、そういうことはまず起こらない。大木の樹上でサルを直接追跡するのは若い大人や若者が多く、地面で待ち受けるのは中年以降の大人の雄であることが多い。まるで勢子（獲物を追い立てる役の人々）と射手（弓を射る人）の分業があるように見えるが、実際は狩りに貢献した「勢子」が肉の一片の報酬を受けることはない。

真の共同狩猟でないことは、大漁の日によくわかる。ほんの一〜二時間の間に、一〇〜一一頭ものサルがつかまえられることがある。捕獲者はたいてい、すべて異なるチンパンジーである。もし共同狩猟なら、好適な所に位置する数個体が次々とサルをつかまえ、これらの収穫を全体で分配するような場合があってもよいと思うが、そんなことはけっして起こらない。

狩りの季節

チンパンジーの狩りには、季節性がある。乾期の終わりから雨期の始めにかけて、つまり八月から十一月ごろまでによく見られるのである。なぜ、この時期に集中して起こるのかについては意見が一致していない。かつては果実が少ないときにそれを補うために肉食するのだと言われていたが、これが間違いであることは確かである。八月から十一月は果実が豊富な季節なのである。

チンパンジーの単位集団が分かれてできるサブグループのことをパーティという。はっきりしていることは、パーティ・サイズが大きいときに狩猟頻度も高いことである。私たちの考えは、この時期は食物の多い時期であるため、チンパンジーは大きなパーティを作る。そして、パーティが大きいと狩猟が容易になる。つまり追いかけまわす時間とエネルギーのコストのわりに肉の獲得というベネフィットが大きくなる。それゆえ、狩猟頻度が高まると考える

南カリフォルニア大学のクレイク・スタンフォード博士は、この時期に発情雌が多いので、雄は発情雌と交尾をするために狩猟をすると考えている。ここには、説明されていない多くの仮定が隠されている。

まず、発情雌がなぜ増えるかについて説明が必要である。オクラホマ大学の性生理の研究者であるジャネット・ワリス博士によると、乾期の終わりから雨期の始めにかけて若葉をつけ始めるプテロカ

ルプスというマメ科の木の葉には女性ホルモンが多量に含まれており、そのため雌のチンパンジーは発情するという。しかし、まだ仮説の段階である。

第二に、雄は発情雌に肉を好んで分配しているという証拠が必要である。これはありそうな話だが、じつは、まだ充分には証明されていない。たしかに、一見すると雄は発情雌によく分配しているのだが、ある雌が発情しているときのほうが発情していないときより同じ雄からよく肉の分配をうけているかどうかを検討した論文はまだない。なぜかというと、雌は子どもを産むと五年近く発情しないので、数年の研究期間で結論をおろせるような問題ではないのである。その間に、分配した雄が高順位のステータスを失ったり死んでしまうと、もう比較は不可能である。

第三に、雌は肉を分配してくれる雄を交尾相手として選択しているという証拠が必要である。これもありそうなことだが、証明されてはいない。チンパンジーの雌は交尾を頻繁にするし、しかも受胎する可能性がまったくないときでも交尾する。彼らの交尾の「価値」は小さいのだ。だから、交尾の意味づけもむずかしい。

雄はサルを、雌はアリを食べる

肉はチンパンジーの食生活にとってどの程度重要なのだろうか？　マハレのチンパンジーのＭグループについて上原重男さんのまとめた結果から私が試算したら、一日に一頭当たり五グラムとなった。これはとるに足らない量のように見える。しかし、平均値はあまり意味がない。肉の大部分は大人の雄と一部の大人の雌によって消費されるからである。アリなどの昆虫をあまり食べない大人の雄にとっては、肉は重要な動物性たんぱく質である。大人の雄といっても、肉をたくさん食べるのは第一位の雄や高順位、あるいは高年齢の雄だけである。若い雄はサルを捕まえても横取りされてしまうので肉食するチャンスは少なく、アリ釣りに長時間を費やすことが多い。

同じように、昆虫をよく食べるが肉食のチャンスの少ない多くの雌や子供にとっては、肉はたまのごちそうにすぎず、栄養面で見るべき役割はないだろう。しかし、特定の高順位の雌は大人の雄並みに多量の肉を食べており、また多くの子供を残すことからいって、肉は繁殖におおいに役立っていると考えられる。

以上からわかるように、チンパンジーも狩猟をするので、「狩猟する類人猿」ではヒトを定義したことにはならない。しかし、ヒトの狩猟は、量・質ともにチンパンジーの狩猟とはレベルが異なっている。それゆえ、人類進化のどこかの段階で、狩猟が大きな役割を果たしだしたということは、おおいに考えられることである。かつては、人類進化の最も初期に、つまり直立二足歩行の出現の時期に、狩猟が大きな役割を果たしたと考えられていたが、その可能性は低いと現在では考えられている。この点については、第7章の第1節を参照していただきたい。

3 見返りを期待する?——食物の分配

動物に広く見られる食物分配

食物の分配は、ヒトのユニークな行動の一つとされてきた。確かに霊長類の中では比較的珍しいが、動物界全体ではまれとはいえない。

鳥類の親はひなに給餌するし、ライオンやリカオンなど食肉目の哺乳類も、親が子に給餌する。霊長類では、ライオンタマリンなども親が子供にバッタなどを与える。こういった動物では、親以外にヘルパーが子供に給餌することもあるが、ヘルパーは姉や兄など、子供の近縁者であることが多い。

交尾の前に雄が雌に魚などの食物を与える「求愛給餌」は、カモメやカワセミなど数多くの鳥類で見られる。サイチョウは木の洞に雌を閉じ込め、雌が卵を温めている間は、夫が食物を配給する。昆虫では、ガガンボモドキの雌は、大きな餌を持ってきた雄とは長い時間交尾を許す(図5–1)。カマキリの雄は、交尾中の雌が自分の体を頭から徐々に食べていくのを許す。これは究極の食物分配である!

こうして見ると、動物における食物分配は、親子間と、つがい(夫婦)の間にほぼ限られるといってよい。雄が子供に直接与えた餌はもちろん、雄が雌に与えた餌も結局、雄の子供の体の一部になる可能性が高い。これらの餌は、最終的には自分の遺伝子のコピーを増やすことに貢献するわけだ。

チンパンジーの食物分配

それでは、血縁者や連れ合い以外の者に食物を分配する動物はいるのだろうか？　チンパンジーがそうである。サルを捕獲したチンパンジーは、狩猟仲間に肉を分配するわけではない。それではだれに分配するのだろうか。

大人の雄のチンパンジーが分配する相手として、血縁者や発情した雌やかつての交尾相手（息子や娘を産んだ可能性のある雌）以外に雄の同盟者がある。同盟者とは、第三者との闘争のとき、支援してくれる個体のことだ。

大人の雌はたいてい自分の子供にしか与えず、多量に入手したときだけ友人の雌にも与える。この場合の「友人」も、

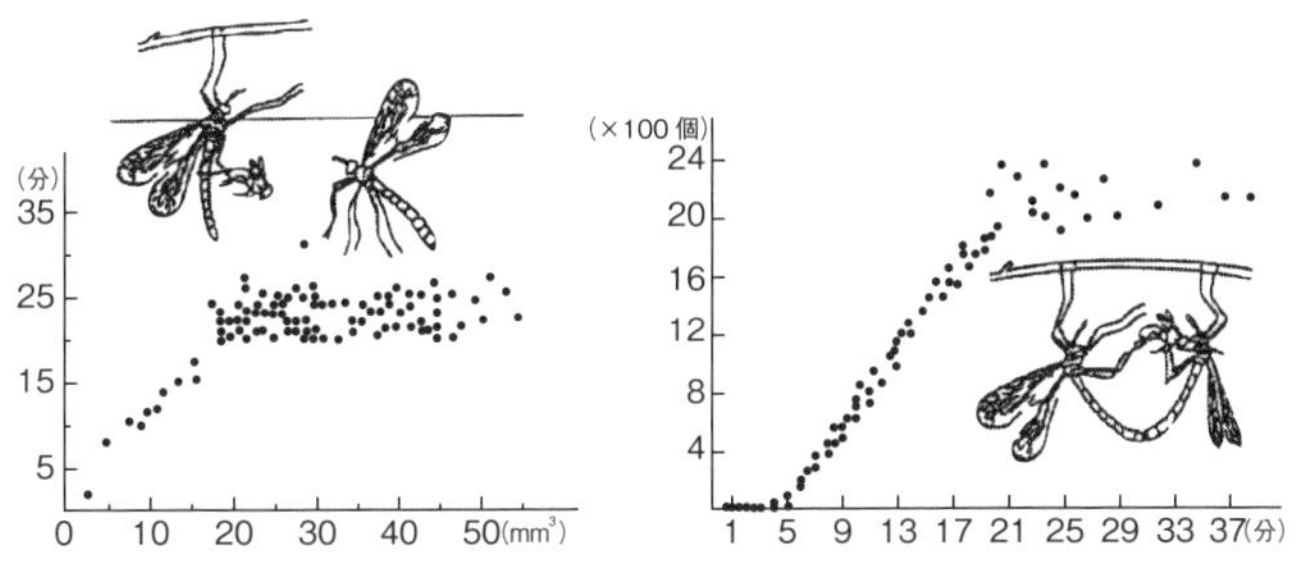

図5－1●雄が雌に大きなプレゼントをしたら、たくさんの精子を届けることができる（ガガンボモドキの場合、Thornhill 1976）
右：横軸は交尾時間。縦軸は雄が雌に渡した精子の数。
左：横軸は雄が雌に贈呈する食物（昆虫）の大きさ。縦軸は交尾時間。

けんかのときには味方してくれる個体だ。どうして私がここで雄の場合は同盟者と呼び、雌の場合は友人と呼ぶかというと、つき合い方が違うからだ。

雄同士のつき合いは日和見的なことが多いが、雌同士のつき合いは長続きする。そもそも、雄はつきあいの相手が多いので、ある程度日和見的にならざるを得ない面がある。一方、雌のつきあいの範囲は狭いかわりに、仲良し関係は長続きするようだ。雄同士はよくいっしょに遊動するが、雌は自分の子だけと過ごすことが多い。だから、友人は近くにいるとは限らず、第三者とけんかになっても、かならずしも助けをあてにすることはできない。

とり引きとしての肉の分配

毛づくろいはシラミやダニを除去するのに必要な行動であるが、自分の背中や頭などはうまく毛づくろいできない。仲間に頼るしかない。毛づくろいしてもらった個体は、お返しの毛づくろいをする傾向が強い。毛づくろいしてもそのお返しをしない個体をまた毛づくろいするのは、時間の浪費である。かくして、お返しをする個体としない個体を長期間記憶できる能力が進化した。チンパンジーの社会において他の個体に与えうる利益というのは限られている。毛づくろい以外には、交尾、食物の分配、闘争のさいの援助、赤ん坊の世話、の四つくらいしかない。こうして、好意の種類についても記憶するようになったであろう。

大人同士の食物分配は、とり引きである可能性がある。闘争の援助に対するお返しや、将来への投資である可能性さえある。また、毛づくろいは、食物の分配を受ける可能性を高める。雄は交尾の直後に相手の雌を毛づくろいし、発情した雌は、若者の雄をまず毛づくろいしてから交尾を求める傾向がある。私はこの肉の分配のプリンシプルを解明するため長年にわたって、タンザニア人の助手に肉の分配のデータを集めさせている。誰が誰にどれくらいの肉を与えたかという資料である。近い将来、その全貌が明らかになるはずである。

直接の目的がなくとも、良好な関係を維持するために食物を贈るという習慣がいつ頃生まれたかがわかるだろう。お歳暮などの贈答品に食物が選ばれるのは、非常に古い伝統の所産であろう。

「共食」という人間的な習慣

食物分配とともに、食物と関係したヒトの特徴的な行動は、「共食」つまり仲間といっしょに食事することだ。群れを作るサルも、皆いっせいに採食するが、それとはちょっと違う。小さな子供が相互作用なしに近くでいっしょに遊んでいるのを「平行遊び」と呼ぶのにならえば、サルの食事は「平行食事」である。

狩猟採集民の家族は夕方、メンバーがそれぞれ持ち帰った食材を料理していっしょに食べる。そこから、共食は家族のような親しい者たちだけが持つ関係となった。若いときに「同じ釜の飯を食った」

仲間とは、後年出会っても親族のような親しい関係が維持されることが多い。「懇親会」という名の会合に食物がないということはありえないだろう。食の社会化はヒトの条件である。最近、食事をひとりでとる子供が増えたというが、異常な事態だといえよう。

第6章　〝変わった〟食べ物いろいろ

1　糞は栄養に富んでいる

ウンチを食べる

この章では、霊長類の〝変わった〟食べ物を紹介しよう。〝変わった〟と引用句つきで断っているのは、それは「ホモ・サピエンス」の偏見かもしれないし、民族、日本人、日本の一地方、あるいは個人によって「変わった食べ物」は異なっているからである。

まず、ホモ・サピエンスの偏見から書いてみよう。糞食とはウンチを食べることである。ウンチというものは汚いものの代名詞だ。チンパンジーでも、歩いていてうっかり仲間の大便にさわったりすると、大あわてでその手を地面や木の幹にこすりつけて落とそうとする。それゆえ、ヒトとチンパンジー共通の偏見かもしれない。ウンチというものは食物のなれの果てであって、食物からいちばん遠いもの、と考えておられるかたが多いだろう。しかし、フンコロガシという糞食を専門にしている動物のいることを思い出せば、この考えはまちがいであることがわかる。

アフリカ奥地に初めて住んで驚いたことの一つは、ブッシュ（茂み）で大便をしていたら、まだ排便する前からフンコロガシが私の股間をめがけてまっしぐらに飛んでくることだった。においで気づいたに違いないわけで、思わず赤面したものである。

現在は、私たちのキャンプには肥えだめ式のトイレが作ってある。このキャンプに二週間滞在したオランダ人霊長類学者フランス・ドゥヴァールが、「西田のキャンプにはトイレがなかった」とベストセラーに書いたため私が抗議したいわくつきのトイレである。このトイレのウンチを求めていろんな昆虫が集まる。しゃがんだら、バタバタと大きな音がしてびっくりさせられることも多い。それは尾が二本あるタテハチョウ科の美麗なフタオチョウの雄である。チョウ好きの人なら括約筋も閉じてしまうようなとびきり綺麗なチョウである。「掃き溜めにツル」ならぬ、「肥え溜めにチョウ」である。おもしろいことに雌はウンチには来ず、腐った果実に集まる。もっと困るのは、ミツバチである。お尻を刺されないかと心配しつつしゃがみ続けなければならない。

ウンチはじつに栄養に富んでいるのである。なぜ、栄養があるのかというと、ヒトも含めて動物は、食物から栄養を完全にとり出すことはできないからである。一つは消化できないものが含まれているからである。第二に、消化できるものでも、完全にとり出そうとすると、そのためのコストがひどくかかり、もしそのコストがとり出す栄養より高くつけば、消化するのは無意味になる。

アフリカゾウの糞は、繊維質と果実からなる。コンゴのオザラ国立公園には半地上性のサルであるアジルマンガベイが住んでいる。彼らはゾウの糞から食物をとり出すことが最近わかった。マンガベイは手でゾウの糞を調べてストロンボジアの果実を見つけると、すわって両手で実をつかみ、一ミリの厚さの木質の果皮を歯で割って、中に一個だけ入っているオリーブサイズの種子をかみ砕く。マンガベイは通常はストロンボジアの未熟のやわらかい果実しか食べない。しかし、ゾウの消化器官を通過したら完熟の果実もやわらかくなり、ナッツが食べやすくなるのだと考えられる。

マンガベイ以外に、ブルーダイカー、レッドダイカー、ブッシュバック、ブッシュピッグなどの有蹄類も、サバンナ地帯に出てゾウの糞から四種の異なる果実の種子を食べる。ガボンでは、ブッシュピッグ、マンドリル、シベットとリスがゾウの糞から種子と昆虫を探すという。ゾウはアフリカ熱帯森林の再生にとって鍵となる種子散布者であるが、ほかの哺乳類がこのゾウの作業を妨害していることになる。

リサイクルされるウンチ

動物の糞も種によって価値の高いものと低いものがあるかもしれない。少なくともヒトのウンチは価値が高い。ケニヤのツルカナ族[※1]は子供が排便したら、そのあとイヌに肛門をなめさせる。ツルカナ族を調査した伊谷純一郎さんは、排便後イヌが肛門を舐めに来るのに閉口し、できるだけキャンプから離れたところで用を足したそうだ。東南アジアでは、池の上にトイレを作ってコイの餌にする。ウンチで魚を養殖しているわけだ。

もちろん、人糞は「肥やし」といって、一九五〇年代までは田畑で肥料として使われていた。一九四九年から五二年にかけて、私は京都の宇治に住んでいた。当時町役場のくみとりはなく、お百姓さんがくみとりに来て、その代わりにお礼として大根を置いていった。二〇〇一年に私は初めて中国へ行った。ホワンシャン（黄山）のチベットモンキーを見に行ったのだが、その近くの昼食を取った村では、肥え桶を担いでいる女性に出会った。半世紀ぶりに懐かしい姿と臭いにでくわしたことになる。

江戸時代には、ウンチやオシッコを集める権利を求めて業者が競合していた。履き物は稲わらで作ったわらじ、ほうきは竹、紙はコウゾなどの枝、灯火はニシンや菜種の油、衣類は木綿や麻・絹であり、使えなくなるとほとんどが肥料として自然に返った。そのため、江戸時代の日本社会は完全なリサイクル社会だった。

神棚に祭り上げるウンチ

さて、最も栄養価の高いウンチを排泄し、そして自分で食べてしまう動物がいることは前に触れた。植物の細胞壁を作るセルロースなどの繊維質をおもに食べる動物は、繊維質を分解してくれるバクテリアや原生動物を消化器官の中に飼う。こういった微生物は、繊維質を揮発性脂肪酸に変換してくれるので、動物はエネルギー源として利用できる。

第一章の第四節で解説したように微生物を胃に飼うのは前胃発酵動物と呼ばれ、ウシなどの反芻動物やコロブスザルがこれに入る。もう一つは、盲腸と結腸に微生物を飼う後胃発酵動物で、ウマ、ジャイアントパンダ、ホエザルなどが含まれる。これらの後胃発酵動物のうち、ウサギ、イタチキツネザルなどは、肛門に近い所で分解されて消化できる状態になった栄養分の大部分が、糞として外へ出てしまうので、出ていった糞を食べるという習性を持っているのである。

ヒトの世界観からいえば、糞は最低のものであり、悪口に使うだけだが、ウサギの世界観では糞は、神棚に近い所に祭り上げられなければならないものなのである。

ゴリラの糞食のなぞ

このように自分あるいは同種のほかの個体の糞を食べる行動は、いくつかの種の動物の生存にとって必須のものと考えられてきた。しかし、たまにしか見られないような種もある。たとえば、ヤマゴリラである。カリフォルニア大学のサンディ・ハーコート博士らによると、二〇〜三〇頭のゴリラを数千時間観察して、糞食はたったの二五回しか見られていない。多いときは二〇〇グラムも食べるのだが、たいていはちょっとかじりとる程度である。

結腸で合成され回腸で吸収されるビタミンB_{12}をとっている可能性は否定できない。ビタミンB_{12}は植物には含まれないので、ヤマゴリラのような純粋な植食者は不足がちになる。しかし、そう解釈するには頻度が少なすぎる。先のハーコートは、糞食が雨の日や寒い日に集中して起こっているので、ゴリラは退屈しのぎの行動か、あるいは体を温めるために食べているのでは、と珍妙な仮説を披露している。高山で寒さに震えながら観察を続けた者にしか浮かばないアイデアであろう。

※1　ツルカナ族……ケニヤ北西部に住む民族で、遊牧民でありながら狩猟や漁労も行なう。

2　昆虫という食物

昆虫はご先祖様の主食

昆虫などの無脊椎動物を〝変わった〟食べ物と考えるのは欧米人の偏見である。西欧には夏でも昆虫が少ないのが、この伝統の起源かもしれない。それがアメリカにも持ち越されたのだろう。本書の第一章で、シロアリやアリを多くの霊長類が食べることを記した。おさらいをすると、六〇〇〇万年前の霊長類の先祖は食虫目であり、昆虫は変わった食べ物どころか、われわれの主食だったのだ。体が大きくなった今、昆虫は二次的な位置に落ちたが、それでもとくに熱帯では今も重要なたんぱく質・脂肪源である。

半世紀までは、日本でもイナゴは重要なおかずだった。昆虫学者の八木繁実さんは、「私のふるさと信州では、イナゴ、ハチの子、ザザムシ（カワゲラ、トビケラなどの幼虫）、セミ、などを子供の頃味わった覚えがあります」と書いておられる。信州の隣り、岐阜出身の野中健一さんは、スズメバチのハチの子を採る方法を詳細に記している。樹液を吸いに来た働き蜂をときには二〜三キロも追いかけて、巣を発見するそうだ。ハチに糸で標しをつけて追跡するなどの日本の方法はラオスや雲南に由来するようである。私は京都の町育ちだが、それでも子供のとき父の故郷である大原でイナゴとハチの子は食べたことがある。

シロアリ

私のチンパンジー調査地であるマハレで過ごすためには、タンザニア西部の辺境の町キゴマで買い出しをする。一九七一年の一〇月ごろ、市場では乾（から）煎りしたオオキノコシロアリの生殖能力のある大型の有翅型、つまり女王アリと王アリを新聞紙で三角柱状に包んで売っていた。これは、ホテルのテラスで飲むビールの肴に最適だった。あまりのうまさに、妻と三歳たらずの娘と競争して食べたものである。

一九七七年に加納隆至さんに誘われ、ビーリャ（ピグミーチンパンジー、あるいはボノボ）の調査地であるコンゴ民主共和国（当時はザイール）のワンバへ行ったときのことだ。未婚女性三人のグループがシロアリ釣りに出かけるというので、ついていったことがある。籠とおき（火種）、ハタキとパンガ（ブッシュナイフ）を携帯する。ハタキは多数の裂いた樹皮を棒（柄）に結わえたものである。村から森に入る途中でクズウコンの大きな葉を何枚か集め、そしていよいよオオキノコシロアリの塚へ行く。

シロアリ塚は高さ二〜三メートルもある。パンガで、巣穴を広げると、オキを巣口に置き、フーフーと吹いて、火力を強くし、熱風を巣の奥へ送り込む。それが済むと柄をつかんでハタキの樹皮部分を巣の奥へ差しこむ。そしてゆっくり引き出すと、大量の兵隊アリが噛みついている。前もって渦状に巻かれたクズウコンの大きな葉が籠に敷き詰めてあり、そこへ兵隊アリをはたき落とすと、もうツルツル滑ってシロアリは登ることができない。ハタキの出し入れを繰り返し、籠の三分の二くらい集めると村に帰る。それを水煮したものを食べさせてもらったが、これはうまいとはいえなかった。兵隊

塚から釣り出したシロアリを大きな葉の中に集めたザイール（現コンゴ民主共和国）の少女。

シロアリは王や女王と違って脂肪分が少ないからであろう、珍味とはほど遠い。ところで、巣穴に紐状のものを入れて兵隊アリを捕まえる方法は、原理としてはチンパンジーのアリ釣りやシロアリ釣りとまったく同じである。

アフリカの各地で、人々はいろいろな工夫をしてシロアリをつかまえる。塚の外で、雨の降るような音をたてて、シロアリをおびき出す方法もある。シロアリは雨の到来とまちがえて、地表近くに集まってくる。それを利用してつかまえるのである。

マハレのチンパンジーやヒヒは、シュウダカントテルメスという属のシロアリの王や女王が昼間に塔から飛び出すとき、手でつかまえて食べる。これは三月頃に限られ、チンパンジーはシロアリがでるのを予知しているらしく、塚めぐりをする。

アリ

少なくともマハレのチンパンジーの食用昆虫として最も重要なものは、アリである。なかでも、枯れ枝の中のすき間に巣を作り、興奮すると尻をあげて歩くシリアゲアリが重要で、チンパンジーは毎日のようにこれを食べる。太くて長い枯枝を折り取ると手で両端をつかみ、片脚で真ん中を押さえて折半する。そして一片を齧りだす。成虫がワーと這い出してくるのでこれを片手でまず払い落とす。そして、ぎっしりと詰まった白い卵あるいは幼虫を食べる。毒見したところ、これはなかなかの珍味である。成虫を食べるのは目的でないが、口に入ってしまったものは拒まないので、チンパンジーの糞を洗うと多量のシリアゲアリの成虫が浮かぶことがある。どういうわけか、シリアゲアリはドラセナ（*Dracaena*）の枯枝に巣くうことが多い。

ツムギアリは、幼虫の出す粘液で葉をくっつけて巣を作る。巣はブラキステギアやシュードスポンディアス、マンゴーの木に作ることが多い。チンパンジーは木に登ると巣を掴み、大急ぎで地面に降りて、巣をつかんだまま大慌てで成虫も幼虫も食べる。成虫は攻撃的で、所かまわず咬むからである。それで、トングェの人たちはツムギアリをシテタンボロ（ペニス咬み）と呼ぶ。咬まれないようにして食べるのはむずかしく、五歳以下の子どもはうまくたべることができない。ツムギアリの成虫を試食したところ、アミに似た申し分のない味であった。

大きな顎を持ち大行列を作って行進するサスライアリは、マハレのチンパンジーは食べない。タンザニアのゴンベ、ウガンダのカリンズやキバレ、ギニアのボッソウなどでは棒を使って食べる。

シリアゲアリとツムギアリは現在も東南アジアの人々の重要な食物である。ツムギアリやシリアゲアリは粉末にして、カレー粉の重要な成分になるという。

毛虫を食べる

チョウやガの幼虫、つまり毛虫も人間の重要な食物だ。コンゴ民主共和国のビーリャの研究地ワンバで見たのだが、村の女性や子供が毛虫を集めて水で洗い料理する。加納隆至さんによると、セセリチョウの幼虫だという。好奇心の強い私も、これは食べたいと言い出せなかった。しかし、二〇〇四年に北京で国際霊長類学会が催されたとき、ワンフーチン（王府井）の屋台でついに蚕の蛹を食べた。恐るおそる食べたせいか、「食べられる」という程度の味だった。

湯本貴和さんの『熱帯森林』によると、「いったん乾燥させた蛾の幼虫は干しエビのような味がする」と書いている。蛹より、毛虫のほうがうまいのかもしれない。野中さんによると、ヤママユガの仲間の幼虫や蛹を乾燥させたものは、南部アフリカなどで、ひじょうに重要な産業になっているという。

有毒な節足動物

霊長類は、サソリやハリアリなど有毒な節足動物をも食べるすべを知っている。北アフリカのバーバリエイプ[※1]は、石をひっくり返して、片手でサソリの腹の一部をつかみ、もう一方の手でただちに針を折る。ガボンのチンパンジーはサソリを素早くたたいて動けないようにして食べるという。ハリアリに刺されると、私などは直径三センチの円状に皮膚が腫れて、数日間はうなる。山極寿一さんによると、ヒガシゴリラの糞の中から、このハリアリの頭などが出てくることがあるそうだ。ゴリラはどのようにして、こんな危険なアリを食べるのか、知りたいものである。多くの方がご存知とおもうが、サソリは中国ではご馳走である。

アジアの原猿ホソロリス[※2]とアフリカの原猿ゴールデンポト[※3]は、「食べられない」餌を食べるという点では、平行進化[※4]を示す。彼らはほかの捕食者には食べられない小型の無脊椎動物のにおいを鋭敏に感知する。これらの原猿は、通常は捕食者を追い払う効果のある強いにおいのする無脊椎動物の分泌物を発見の手段として利用するわけだ。

バッタのつみれ？

一九六九年一一月ウガンダの首都カンパラを訪れたときのこと。私の乗ったバスは夜九時ごろ、やっと首都のはずれに入った。街灯の下ごとに、大勢の人だかりがあった。なにをしているのかと見たら、みんな手に手にあき缶を持っている。そして、灯りのまわりを巨大なバッタがたくさん飛びまわっていた。彼らは、おかずを集めに来ていたのだ。イナゴのうまさを知っている私には驚きではなかったが、こんなに遅くまでバッタを集めに人々が街路に出ているのには驚かされた。

大群をなして移動するリョコウバッタのことは聞かれたことがあるだろう。作物を害するという理由で殺虫剤がばらまかれる。こうして、バッタを食べた鳥まで殺してしまう。これは生態系の破壊であり、けっしてやってはならないことである。こういう方法がとられるのは製薬会社の金もうけ主義と、昆虫は人間の食べ物ではないという西欧の誤った考えに由来する。バッタを大量捕獲して缶詰めにするなり、「つみれ」にするなりして、食料として利用すべきだ。食物としての昆虫の難点は、短い季節に大量に発生し、そしてまたいなくなることである。缶詰めなど貯蔵の方法さえ考えれば、今後も人類の重要な食物として残るだろう。もちろん、鳥たちがとりこぼした分だけでよいのである。

驚きの昆虫食

ビクトリア湖の付近では、雨期に夜電灯をつけていると大発生したレイクフライという小さい虫が集まり、朝にはその死骸が床に雪のように積もる。住民はそれをほうきではき集めてから煮て、ケーキ状のいわばだんごを作るという。

私は東南アジアでタガメが食用にされることは知っていたが、驚くことに、野中健一さんの本にはカメムシの食べ方も書いてある。しかも、南部アフリカ、東南アジア、中南米、インド、ニューギニアにカメムシを食べる習慣があるそうだ。「あの臭い虫を！」と驚くが、味噌やくさやなど発酵食品をよい匂いと日本人は感じるように、カメムシのにおいを臭いと感じない民族もいるのだ。

さらに驚くのは、タイではフンコロガシの幼虫をご馳走と考えていることである。フンコロガシの成虫は、哺乳類（タイでは水牛）の糞を転がして、土中の穴に埋め、卵を産みつける。孵った幼虫はまわりの糞を食べて大きくなっていく。蛹になる直前に掘り出して食べるそうである。私は第1節で、人は昆虫食について偏見をもっていると偉そうなことを書いたが、フンコロガシの幼虫を食べる民族がいたことは知らなかった。恥ずかしい限りである。

※1　バーバリエイプ……北アフリカに住むマカク属のサル。
※2　ホソロリス……東南アジアに住むロリス科の原猿で、夜行性、単独性、虫食性。
※3　ゴールデンポト……アフリカのロリス科の原猿で、夜行性、単独性。ガムが主食。
※4　平行進化……異なった系統に分かれた生物が、あい似た生態学的地位を占めたため、似た形態や行動を示すことで、普通同じ目の生物に対して使われる用語。まったく系統の異なる動物の場合は、収れん（コンバージェンス）という。鳥の羽とチョウの翅のような場合である。

3　救荒食としての樹皮――古代からの非常食

栄養が蓄えられた樹皮

樹皮も霊長類の立派な食べ物である。樹皮といってもザラザラしている外側の死んだ部分ではない。外樹皮もコルクとしてぶどう酒の栓にしたり、魚網の浮きに使ったり、屋根や扉として用途はあるが、食べられはしない。食べられるのは、篩部[※1]とか形成層[※2]とかいわれている内樹皮であり、そこは樹木の生きている部分で、栄養の通路であり、時期によっては栄養が蓄えられる。

私が最初に内樹皮が食べられるのを見たのは、学部の学生時代だった。一九六三年のことで、ＮＨ

Kの連続物のドキュメンタリー番組『自然のアルバム』の撮影を、同級の伊澤紘生さん（現在、帝京科学大学教授）と二人でお手伝いしたときである。NHKは冬季のニホンザルの生態を初めて一六ミリフィルムに記録するのに成功した。雪におおわれた下北の地で、サルはいったいなにを食べているのかが、興味の焦点だった。

そのおもな食べ物が、ヤマグワやメギなどの内樹皮とさまざまな樹木の冬芽だった。そして、かなり重要な食物として大根やみかんがあった。畑荒らしをするのではない。真冬の畑に食べ物があるわけがない。これらは、なんと青函連絡船が海上で捨てた生ゴミが下北西海岸に漂着したものだった。

次に、樹皮にお目にかかったのは、マハレのチンパンジーを研究し始めたときである。一九六六年の二、三月ごろチンパンジーの声があまり聞こえなくなり、私は森林から乾燥疎開林帯[※3]に出て探してみた。すると、マメ科のブラキステギアなどの大枝から樹皮がはがれて垂れ下がっており、白い内樹皮が露出しているのが目にとまった。地面には歯形がたくさんついた樹皮片と、噛みしがんでボール状になった靭皮繊維[※4]がたくさんころがっていた。チンパンジーは樹皮をはがして、内樹皮を切歯か犬歯で削りとったに違いない。私がなめてみると、糖を含んでいるのか少し甘味があった。

樹皮を食べて飢えをしのぐ

北アメリカやヨーロッパでは春先に落葉樹の細胞が活発に分化しつつあるとき、糖とたんぱく質に

内樹皮をかじるチンパンジーの母子。ブラキステギアの木。樹皮食は果実の少ない時期に見られる。(撮影/西田利貞)

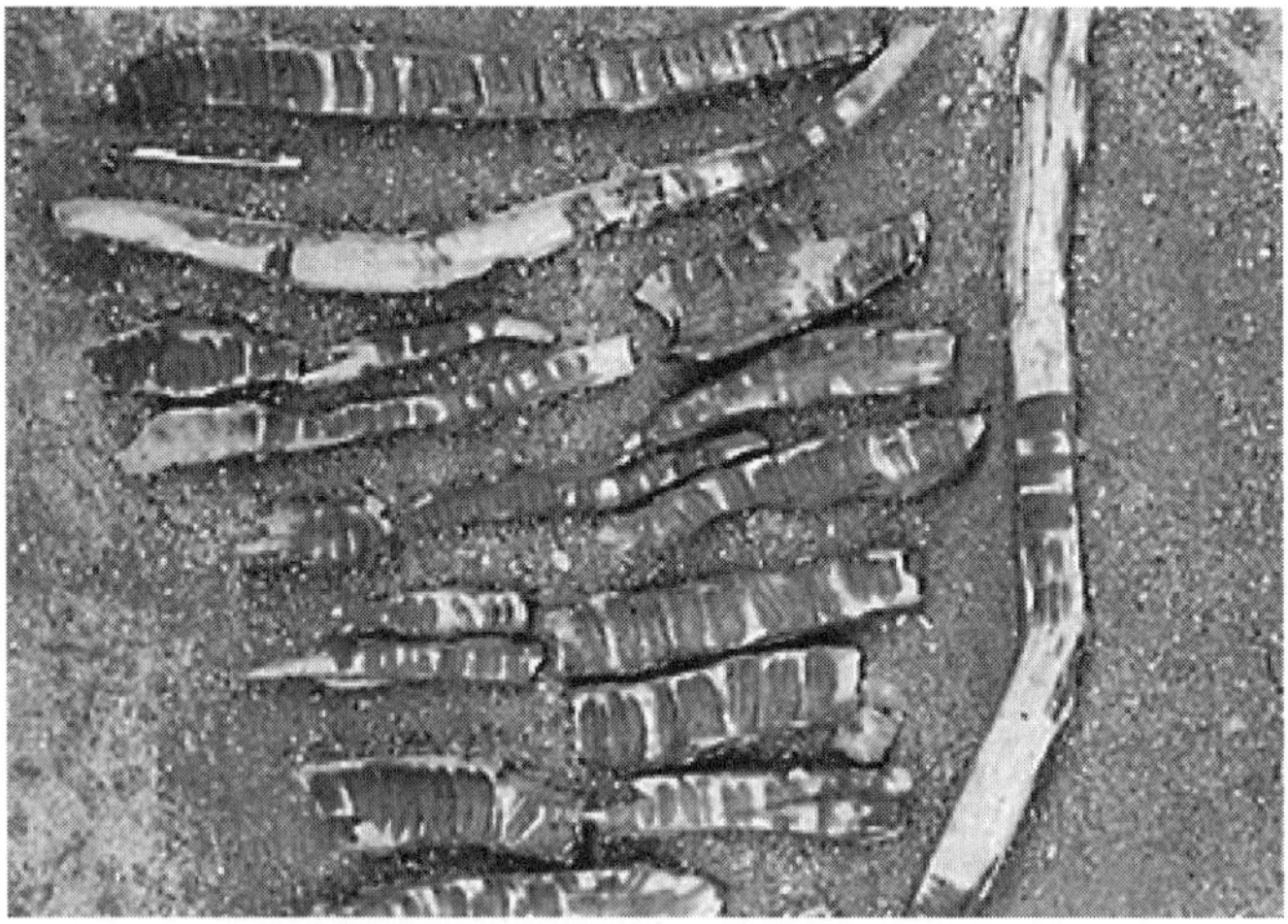

歯のあとがついたブラキステギアの樹皮の内側。少し甘味がある。（撮影／西田利貞）

富む若い細胞が形成層のまわりに厚く層をなす。根に蓄えられていた糖が上昇してくるのだ。カナダのサトウカエデなどは、とくにその働きが著しく、人々はそれを集めて凝縮し、「メイプルシロップ」として売り出す。

カエデは特別だが、ほかの多くの落葉樹も同じような性質を持つので、カナダ北西部のピール川のクチン族のように、とくに北方森林帯に住む狩猟採集民は、かつて飢餓に陥ると内樹皮をなめて飢えをしのいだという。つまり、狩猟採集時代には、樹皮は救荒食として非常に重要な役割を果たしたのだ。それは、南方狩猟採集民でも同様のようだ。ナイジェリアの民族間紛争で、一方の民族が敵民族の食料供給の道を断ったとき、飢餓がナイジェリア東部のビアフラを襲った。そのとき、本能が教えたのか、長老から知識を得たのか、人々は樹皮を食べたという。

樹皮食の歴史

興味深いことに、ヒト以外の霊長類でも、食物不足の時期に樹皮が食べられるようだ。先に述べた下北のニホンザルの樹皮食は冬だった。タンザニア西部のチンパンジーの樹皮食は、雨期半ばの果実の少ない時期だけに見られる。ボルネオのオランウータンの樹皮食も、果実の少ない時期によく見られるようだ。コンゴのニシゴリラも、ほかの食物が少ない時期に樹皮を食べるという。どういう時期によく食べられるのか明らかでないが、マダガスカルの原猿の一部も、樹皮を食べる。こうしてみると、樹皮食の歴史は三〇〇〇万年以上にも及ぶ可能性がある。

マハレのチンパンジーには樹皮食とは違い、枯れ木の幹をペロペロなめ上げるという珍しい習性がある。なめられる樹種はイチジク、ニクズクの仲間、マンゴスチンの仲間などで、どれも果実を実らせる木である。私がなめたところでは、とくに甘味は感じられない。表層を薄く削って専門家に調べてもらったところ、マニトールという糖アルコールが検出された。これは蔗糖の数分の一の甘さがあるので、チンパンジーはこれを目的になめている可能性はある。

※1　篩部……植物体の維管束のうち、篩管、篩部柔組織、篩部繊維からなる部分。養分の通路となる。
※2　形成層……維管束の発達した植物の茎や根に見られる分裂組織。個体発生のやや進んだ段階で木部と篩部

の間に出現し、肥大生長を行なう。

※3　乾燥疎開林帯……樹木の多いサバンナ、樹木サバンナのこと。ここでは、ブラキステギア属、ジュルベルナルディア属、イソベリリニア属などのマメ科の優占する開けた林のことを指している。

※4　靭皮繊維……バスト・ファイバー。篩部繊維のことで、アフリカやハワイでは樹皮布を作り、タイや日本では和紙を作った。メイプルシロップはサトウカエデの内樹皮に蓄えられた栄養分だ。

4　土を食べる——なぞに包まれた食べ物

土入りビスケット

皆さんは土を食べたことがおありだろうか？　おそらく「ない」と答えられるかたが大部分だろう。しかし、そういうあなたも土を知らずに食べたかもしれない。というのは、一九七〇年代初めのことだが、物知りの故渡辺仁先生（当時、東京大学理学部助教授）から、ビスケットの中に土が含まれているのがあるという話を聞いたことがあるからである。

土食は多くの霊長類に見られる。コロブスザル、ニホンザル、チンパンジーなど少なくとも一〇種以上の霊長類で記録がある。土食いは、多くの民族で知られており、ヒトが霊長類時代から受け継いだ習性である。私が五歳くらいのころ、二歳下の弟が壁土を食べたのを見たことがある。寄生虫がいるに違いないと、親は虫下しをのませた。

いったいなぜ、土を食べるのかはなぞである。おもな仮説としては三つある。

第一は、ミネラル説である。重要な働きをする微量元素を食物から充分にとりこめない場合、もしそれをたくさん含む土があれば、それからとるかもしれない。

第二に、動物にとって有害であるタンニンや、アルカロイド（八〇～八二頁参照）を土は吸着して無害にしているのかもしれない。この毒物吸着説を唱えたのは、コロブスザルを研究していたニューヨーク市立大学のジョン・オーツ博士だった。

第三の仮説は、「アシドーシス」を直す作用があるというものである。アシドーシスとは、血液中の酸・アルカリ平衡が破れて、血液が酸性傾向となる状態で、頭痛・吐きけが見られ、重症になると中枢神経に機能障害が生じ、けいれんや意識障害さえ起こる。これは、キャッサバなどのでんぷんを大量に摂取する民族が土食することから唱えられた。

ニホンザルの土食

タンザニアからの留学生であるジェームズ・ワキバラ君は、修士論文のテーマとして、ニホンザルの土食を選んだ。京都嵐山のサルは餌場の近くや山中で土を食べる。一九八〇年代中ごろに学生の村山（井上）美穂さん（現在、京都大学教授）が嵐山の土の化学的な組成を調べたことがある。土を食べる場所は何か所もあるが、その数は限られている。サルの食べた土とそうでない土（これを「対照」という）の成分を比較したところ、その結果は奇妙なことにほとんど変わらなかった。それなら、どうして場所が決まっているのかわからない。嵐山の土には、サルに欠乏しがちな微量元素（ミネラル）は含んでいないこともわかった。

ワキバラ君は、毒物吸着説の立場にたって、研究を始めた。もしこの説が正しければ、サルが木の葉をよく食べる季節に土食がよく起こり、果実や人間の与える餌をよく食べる時期には土食は少ないだろう。消化を阻害するタンニンや、毒物であるアルカロイドは、木の葉に含まれていることが多いからである。こうして彼は採食のデータをとり始めた。

その結果は、意外なものだった。土食は、葉をよく食べるかどうかとはまったく関係がなかった。一年のどの時期でも食べられるだけでなく、むしろ人間の与える餌をよく食べる時期に土食することがわかった。これでは、毒物吸着説は捨てるしかない。

多量の餌が土食を起こす！

人間の与える餌とは、おもに小麦であり、炭水化物である。すると、第三の仮説、アシドーシスを

乾期の暑い日中にはこうして岩をなめることが多い。タンザニアのマハレにて。

防ぐために土食するという仮説を採るしかない。

ワキバラ君の予想していなかった結果の一つは、嵐山のサルが午後遅くによく土食することである。しかし、これも第三の仮説が正しいとすれば説明がつく。餌は午後にたくさん与えられるので、炭水化物の摂取量も多い。

嵐山のニホンザルの土食については、こうして一応の決着を見たが、この説で霊長類の土食のすべてが説明できるわけではない。餌づけされていないサルの土食はどう説明できるのだろうか？

ほかにもわからないことは多い。たとえば、私の研究しているマハレのチンパンジーはタンガニーカ湖岸や大きな谷にある岩をペロペロとなめる。それは乾期の暑い日中に見られることが多い。チンパンジーがなめたあとを私は試しになめたことがあるが、まったく無味だった。チンパンジーが舐めた後だから塩辛くなくなったのかもしれないと思い、彼らの唾液で濡れていない部分も舐めてみたが、やはり無味だった。また、チンパンジーはシロアリ塚の土を少量食べるが、これもミネラル摂取が理由でないことがわかっているだけで、問題は解決していない。

5 魚を食べるサル——魚食文化

魚は食べられます

魚がどうして〝変わった〟食べ物か？と、魚食民族の一員である皆さんはいぶかしく思うだろう。しかし、魚を日常的に食べる霊長類はヒトだけだし、しかもヒトの一部にすぎない。二〇〇七年七月二三日のＮＨＫの番組は海洋の漁業資源の枯渇を報道していたが、そのとき地球上で一〇億の人々が魚を食べると伝えられた。これは世界人口六〇億の六分の一である。

一九六九年にウガンダへ行ったときのことである。首都のカンパラに着いたら、ホテルや街角のあちこちに「魚は食べられます」というポスターが貼られてあった。魚が食べられるなど当たり前だ、いったいなんのつもりかと私は不思議だった。その理由は、ウガンダには牧畜民、農牧民が多く、彼らは魚を食べ物とは思わなかったのである。それで、政府は栄養改善ということで、魚食を奨励したらしい。

イギリス人によって絶滅させられたタスマニア（オーストラリア南東の島）人も魚を食べ物とは考えていなかった、といわれている。日本人のほとんどは一三〇年前には、牛乳は飲まなかったし、チーズもバターも知らなかった。牛肉や鶏卵さえ食べなかったのだ。ウガンダ人が魚を食べ物と思わなかったといってあざわらうことはできない。

サルが魚を食べるのは

現代の欧米やアジアの多くの人は魚を食べるが、ヒト以外の霊長類には魚を食べる種類はほとんどいない。そもそも霊長類というものは、あまり水に入りたがらない。なるほど、オナガザルの仲間には、カニクイザル、テングザルなど水泳の達人がいる。しかし、彼らが水中から入手する食べ物といったら貝やカニ程度で、泳ぎまわる魚をつかまえて食べるとは長い間聞いたことがなかった。しかし、一九八〇年代になって、魚をかなり習慣的に食べるサルが見つかったのである。

一つは、宮崎県幸島にいるニホンザルである。この島のサルは餌づけされていたが、数が増えてから個体数を一定以下におさえるため、餌があまり与えられなくなった。餌まきの行なわれない冬場に空腹のサルが手をつけたのが魚だった。嵐で打ち上げられた魚や釣り師が捨てていった魚を食べる。

幸島で長年サルの文化を研究している渡辺邦夫さん（京都大学教授）によると、身の部分を食べ、内臓や骨や頭は食べない。最初に魚食いが見られたのは一九八〇年ごろで、食べた個体はやや老齢の雄だったとのことである。この習慣は急速に広がって、二年くらいたつと四〇頭近くのサルが魚を食べるようになったらしい。

漁をするチャクマヒヒ

南アフリカのナミブ砂漠近くに住むチャクマヒヒの生態はおもしろい。乾期になると、川が流れを止め、あちこちに大きなプールができる。ここに住むヒヒは、死んだ魚も生きた魚も食べる。水面に死んだ魚や生きた魚が浮かぶとヒヒは手で引き寄せて入手する。深みに沈んだ大きな魚もとる。それだけではない。ヒヒはプールに深く潜り、岩の下に隠れているコイ科やナマズ科の生きた魚を手づかみにする。生きた魚は砂をまぶして動けなくし、肛門近くをかみ切って指と口で皮をむく。ニホンザルと同様、内臓は食べず、身とえらだけ食べるという。

明らかに、ここには魚食習慣だけではなく、それと関連した一連のテクニック、つまり「魚食文化」が発達している。より北方のオカバンゴ・スワンプにも乾期にプールができるが、そこに住むヒヒは魚を食べない。オカバンゴには魚を食べる鳥類がたくさんいるので、魚食文化が発達しなかったらしい。

コンゴ森林に住むドブラザ・グエノンやアレン・スワンプモンキーは、よどみがちな森林内の流れの中で、乾期に稚魚をすくいとって食べる。森林に住む人々はどこでも、水の少なくなる乾期に、小川をせき止めてプールを作り、水をかい出して魚をつかまえる。女性や子供たちが、余興を兼ねて行なう「かい出し漁」である。

ヒトが魚を食べ始めたのは

われわれにとって魚食は当たり前だが、魚を日常的に食べる霊長類はヒトの一部にすぎない。写真は魚（ヤマメ）を塩と飯だけで乳酸発酵させた“なれずし”を作っているところ。（山形県飯豊町にて。撮影／高垣順子）

このように見てくると、魚食という行動はほかの採食行動と同様に、ヒトでもヒト以外の霊長類でも、習慣であり文化であることがわかる。陸上動物である霊長類が魚を食事のレパートリーに含めたのは比較的最近のことなのだろう。野生の類人猿はどの種も魚を食べないことからいって、ヒトの祖先が魚を食べるようになったのは五〇〇万年以前とは考えられない。直立二足歩行を開始してからあとのことであり、乾期のサバンナの生活に適応してからであろう。おそらく、ヒヒのように乾期にプールに閉じ込められた魚をとったのが最初だろう。そして、それは一部の習慣にすぎなかった。

魚をおもな食物として利用するようなグループが現われたのは、ネアンデルタール人やホモ・サピエンスの出現以降と考えられる。釣り糸、針、重りなどの釣り漁、あるいは網、ひも、重りなどの網漁の「複合道具」の制作は、発達した知能を必要とする。釣り針に「返し」をつけることを思いつくのにも、莫大な時間がかかったかもしれない。

タンガニーカの魚

日本はホモ・サピエンス最高の魚食文化をもつ。刺身はその一つである。初めてカソゲ村に入った一九六五年一〇月のこと。私がなまの魚を食べると言ったら、「そんなの嘘だろう」と村人は疑った。「生《なま》を食べるのは動物で、料理して食べるのが人間だ」、というのである。「いや本当になまで食べるのだ」といったら、なんと三〇人以上の人々が見に集まってきた。三枚におろし、薄く切って、醤油にわさびを入れ食べだした。すると、中年の男の一人が、「お前はなまと言ったが、薬を使っているじゃないか、これは生ではない」と言って「動物宣言」をはずしてくれた。他の人々も、わさびと醤油という薬を使っているということで納得した。

それから、四二年以上が過ぎた。私は成人してからの人生の三割近くをタンガニーカ湖畔で過ごしたことになる。一九七五年以降は、研究者か大学院生の一人が一〜二年間滞在してキャンプを引き継いできた。毎年毎年、キャンプ運営や研究のやりかたを含むあらゆることを、初めてマハレへ行く後輩に口で伝えていた。それでも言い漏らすことはあったし、そもそもそれでは非能率だ。これを反省し、一九九五年に『マハレ・サバイバル・マニュアル』と銘打ってB５サイズ二六ページの小冊子を印刷した。

そこには食物のことも書いてある。私の元気のもとは、湖水産の魚と家禽（ニワトリとアヒル）だった。そこに書いたタンガニーカの代表的な魚の味を再録しよう。よく入手できるものから順に紹介する。

クーへはカワスズメ科。腹部が黄色いので英人はイェローベリーと呼ぶ。味も色も肉の締まりもマダイに似る。刺身あるいはリュウキュウが格別よい。塩焼き、肴煮、うしお汁、なんでもよい。「リュウキュウ」（琉球）とは、伊谷さんが高崎山でニホンザルを調査していたとき、琉球出身の坊さん（生臭坊主！）に教えられたという調理法で、生姜、タマネギ、ピリピリ（トウガラシ）のみじん切りを加えレモン醤油の中に刺身をつけて数時間おいたものである。これを熱々のご飯に置いて食べる。

サンガーラとノンズィーはナイルパーチ科の二種。日本のスズキと近縁で、寸詰まりのほうがノンズィー。形も味もスズキとそっくりである。白身で、刺身、リュウキュウよし。出世魚で五〇〜六〇

マハレのカンシアナ・キャンプでクーヘを客のフランス・ドゥバール氏に見せているところ。前方左は井上英治君、右は松阪崇久君

夕方、ムゲブカを釣ってキャンプに届けてくれたラマザニ・カサカンペ氏

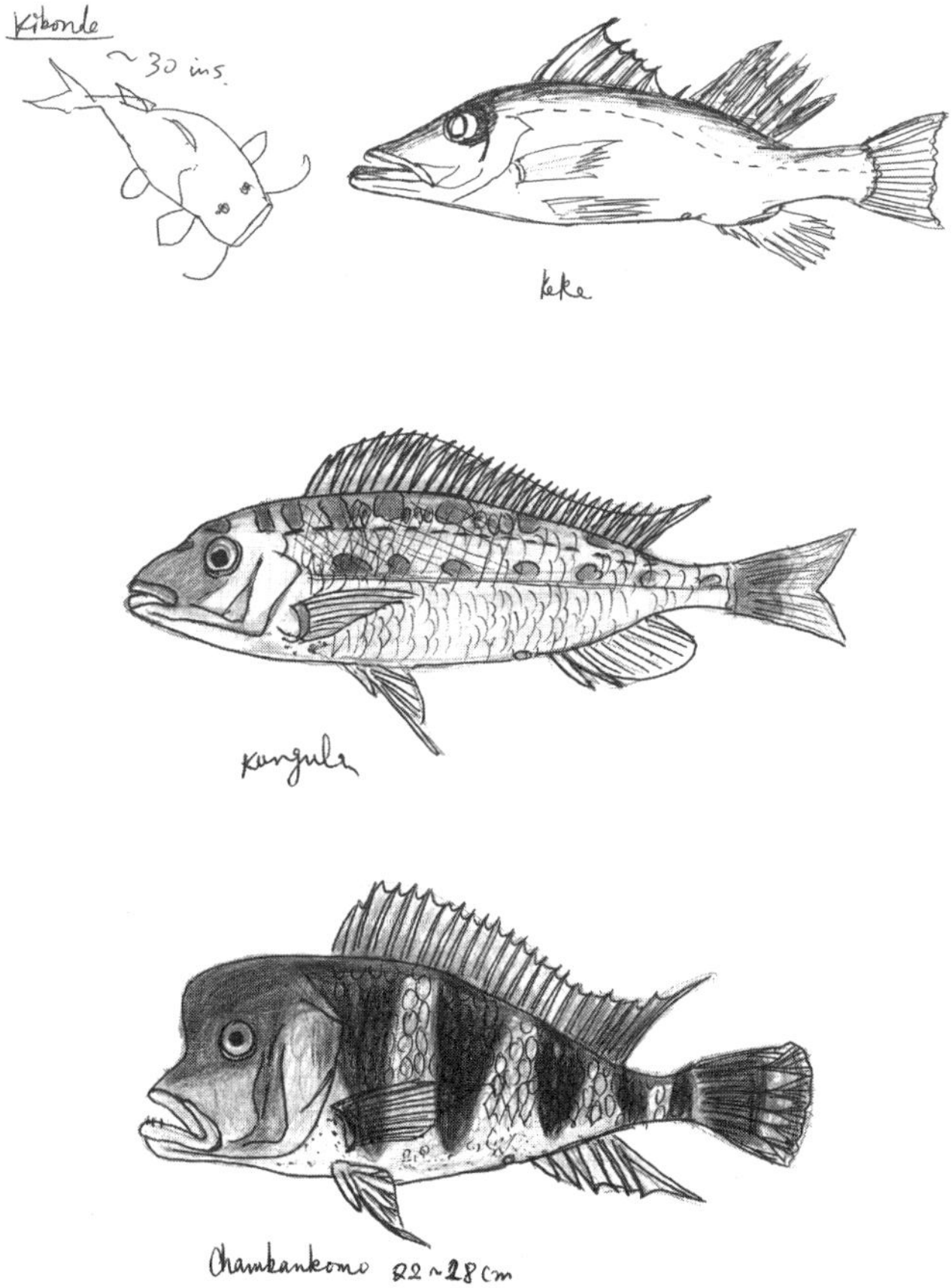

タンガニーカの魚たち。上右：サンガーラ（ナイルパーチ）、上左：キボンデ、中:クングーラ、下:ンドゥブ（チャンバンコモ）。（え／西田利貞）

センチくらいまではケケといい味は落ちるが、開きかムニエルにすればよい。ただし、開きは乾季だけ。ビクトリア湖産のナイルパーチを日本は輸入しており、弁当などに使われているので、アフリカへ行ったことのない皆さんも口にしている可能性が高い。

ムゲブカもナイルパーチ科だが小型魚である。赤みで味はサンマ、サバに似る。塩焼き、味噌煮、ムニエルがよい。卵をたくさん集め塩漬けにすると〝タラコ〟ができる。

ンドゥブ（チャンバンコモ）は、カワスズメ科。頭部がこぶ状に張り出す。味はキンキに近いか。白身で、塩焼きは香り、味ともよく絶品にて、大型の油ののった奴を食べると、生きていてよかったとおもう。煮てもよいのは無論である。

ダガーはニシン科の四種類のイワシの総称である。マルンブと呼ばれる大型のものは三枚に下ろして刺身よし、レモン醤油よし。カフスと呼ばれる小型のものは、から揚げにするとビールの肴に最適。暇があればツミレもよし。

クングーラはカワスズメ科の中型魚。日本の魚から似たものを選ぶのはむずかしいが、強いていえばアジに似る。赤身である。腹が橙色になったときが脂ののった時期で、塩焼き、開き、ムニエル、煮魚、いずれも最高。「毎日食べると仮定して、タンガニーカ湖の魚の中から一種だけ選べ」といわれれば、私は迷いつつこれを選ぶだろう。

ンバラガは、コイ科の魚だが味はニシンに似る。赤身。二月頃の脂ののったンバラガの塩焼きは甘くて最高。卵、白子とも美味。

ンタンガはカワスズメ科の小型魚。まれに網にかかる白身魚で、味はマナガツオに似て、塩焼きは頬っぺたが落ちるほどの美味。

キボンデはギギ科の魚である。大きな針に肉塊をつけて夜の湖に投げておくとかかる。大ぶりのキボンデが入手できれば独占した方がよい。この白身の魚の塩焼きはエビのような味がして、食べられれば死んでもよいとおもうくらいである。大きさといい、味といい、タンガニーカ最高の魚であろう。

ンシンガはナマズ科の大魚で、特製のモンドリを深く水中に沈めて、沈めた場所の目印としてとりつけたヒモに浮きをつけておく。これはものすごく脂肪が多いので煮てはいけない。塩焼きか蒲焼で脂を十分に落として食べる。味はウナギに似る。きわめて美味だが脂濃いので食べ過ぎないよう注意。

川魚としては、ンクリだけ挙げておく。コイ科の一〇センチ程度の小魚だが、馬鹿にしてはいけない。から揚げはうまい。

6 サルを食べるヒト——猿食文化

熱帯雨林の獲物

サルをたべる習慣なんてあるのか、と多くの人はおもうだろう。サルをおもな餌食とするアフリカのカンムリワシタカがいるように、サルをおもな蛋白源にする民族もいる。東京大学の院生だった口蔵幸雄さん（現在、岐阜大学教授）がマレー半島で研究した狩猟採集民スマブリは吹き矢を使って、ギボン（テナガザル）やカオムラサキラングールを殺していた。ボルネオ、スマトラ、アマゾン、赤道アフリカなど熱帯降雨林に住む人々にとって、霊長類はひじょうに重要な狩猟対象である。熱帯降雨林では、地上の動物を弓矢で殺すのはむずかしい。けものはすぐにブッシュに隠れてしまうので集団で猟をするしかない。それで、イトゥリのピグミーのように女性と子どもが半円状に並んで勢子になりダイカーなどを集団で追い、槍を構えて待っている男性陣のところへ追い込む網漁などが見られる。一方、サルは集団を作り樹上にいるので見つけやすく、男一人でも弓矢や吹き矢、あるいはクロスボウ（いしゆみ）でしとめることができる。それゆえ、サルは熱帯雨林では人間にとってもっとも重要な獲物なのである。

ブッシュミートとしてのサルの利用　1973年コンゴ川にて

一九七三年、加納隆至さんと私はビーリャ（ピグミーチンパンジー）の予備調査のため、コンゴ（旧ザイール）のキンシャサからオトラコという会社の汽船に乗り、赤道州のボエンデに向かった。汽船は上流に向かって一週間かけて目的地に向かうのだが、行く先々の村から長いボートが近づき大量の肉や魚を船上の旅行者に売りに来る。驚くことに、肉はほとんどがサルの肉だった。

食べられる大型類人猿

最近、ガボン、カメルーン、コンゴ共和国、コンゴ民主共和国など中央アフリカ諸国でさかんになり、大問題になっているのが、大型類人猿の狩猟である。野生動物の肉は〝ブッシュミート〟と呼ばれる。中央アフリカでは、ほとんどすべての哺乳類がブッシュミート取引の対象になっている。狩猟対象としては大型動物であるゾウやバッファロー、カバがまず狙われる。大きいほど能率がよいからである。そして大型という意味では、ゴリラ、チンパンジーも例外ではない。もともと、奥地の住民は森の生き物を食べていたが、人口密度が小さいので彼らが食べるだけなら問題はなかった。「利子」を食べるだけだったからである。しかし、東南アジアの熱帯木材が枯渇した一九九〇年代になって、ヨーロッパやマレーシアの伐採業者が中央アフリカの木材資源を求めて奥地に入りだしてからがらりと様相が変わった。

伐採は限られたわずかな種だけが対象の択伐であるが、択伐でも大きな丸太を運び出すための道路は必要である。その道路を使って、プロのハンターが奥地へ入りこみだした。それまでの弓矢や散弾銃でなく、ライフル銃と車を使って狩猟するのである。容易に殺せ、容易に運び出せるようになったのである。車があれば、燻製肉を数百キロも離れた大都市や港湾都市へ運び、何十万人という消費者が買ってくれる。それまでの「生計狩猟」（サブシスタンス・ハンティング）は「商業狩猟」（コマーシャル・ハンティング）に変貌したのである。

そのため誰も予想しなかったことが起き始めた。大型類人猿が絶滅するとすれば、かれらが生息する森林のすべてを人間が農地に変えたときであると誰もが考えていた。ところが、ブッシュミート交易がさかんな所では、森林は残っていても、中は空っぽという事態になったのである。つまりゾウ、バッファロー、ゴリラなど大型動物はまったくいず、静まり返った森林が残ったわけだ。そして、このような地域は択伐がすすむに連れてどんどん広がっている。そのうえ、エボラ出血熱が一九九四年から二〇〇四年にかけて断続的に人や野生動物を襲い、ゴリラやチンパンジーの大量死が起こった。エボラ・ウイルスはコウモリの体内にいて共生関係を打ち立てているらしいが、ヒトを含む大型類人猿は免疫をもたず、強い殺傷力をもつ。どうして、今になってこのウイルスがゴリラなどを襲い始めたのかはわからないが、森林伐採などの人間活動が関係している可能性がある。

ブッシュミート交易自体を禁止することは無理だろう。中央アフリカの住民は、長年、蛋白源として森林の野生動物を利用してきたのだから。しかも、その交易の末端の小売業者は女性の重要な職業になっている。しかし、ブッシュミートの中で大型類人猿の占める割合は〇・五パーセントに満たない。販売される大部分は、オニネズミ、ヤマアラシ、ブルーダイカーなどの小型の哺乳類なのだ。それゆえ、ブッシュミート取引から大型類人猿だけを対象から除くことは可能なはずである。げっ歯類や小型ダイカーは繁殖力が旺盛だから、捕りすぎさえしなければ絶滅することはないだろう。しかし、大型類人猿は四〜六年に一度しか出産せず、しかも乳児死亡率は高い。狩猟によって容易に絶滅してしまうだろう。

ＨＩＶ、つまりヒトを襲うエイズ・ウイルスは、中央アフリカのチンパンジーから感染したというのが定説となった。狩猟のさい、チンパンジーの血がハンターの傷口などから侵入したのだ。それで、数年前、この事実を広くアフリカ人にしらせて、チンパンジーに対する恐怖心を植えつけることによって「人猿」を食べる習慣を追放しようという提案があり、アフリカの大型類人猿研究者の間でメールによる活発な議論があった。私は、そういった恐怖を植えつけると、アフリカ人は食べるのをやめるかわりにチンパンジーを見さかいなく殺害するようになる可能性もあるのではないかといって反対した。

大型類人猿の生息している国では、例外なく法律で彼らの狩猟を禁止している。しかし、法律を執行する能力、公園をパトロールするための人員や装備をもっていないため、法律は絵に描いたもちである。

ニホンザルを食べ、クジラを食べる

ゴリラやチンパンジーを食べるなんてアフリカ人はなんて野蛮なんだ、と皆さんはおもうだろう。しかし、誤解しないでいただきたい。アフリカ人といっても、タンザニア人やウガンダ人はチンパンジーをまったく食べないし、コンゴ民主共和国でもワンバなどではビーリャ（ピグミーチンパンジー）を食べない。そもそも日本にはゴリラが住んでいないので食べないだけかもしれない。というのは、東北のマタギなどはニホンザルを食べていたというし、サルの黒焼きというものは少なくとも一九七〇年代には入手できた薬用の食品であった。私が大学院生のとき研究した千葉県の高宕山で餌場管理人の高梨正之さんから、房総の狩人は戦前はもちろん、戦後しばらくも高宕のサルを食用にしていたと聞いた。それこそ、榛沢一栄さんがサルの餌づけに三年以上もかかった理由である。

欧米人は、日本人がクジラを食べるのを野蛮だと考えている。私もそういう悪口を聞くと腹が立つが、大きくて知性のある哺乳類を食べるという点ではゴリラもクジラもかわりがない。大型動物は成長に手間取るので、繁殖力は低い。そういう観点からいって、クジラもゴリラも食べるのをやめるべきだ。

日本のクジラ漁は文化だから、伝統だから、残すべきだとよく言われるが、それならゴリラ漁も伝統であろう。文化というものは、必要に応じて変更したり廃止したりできるのが本能とは違う利点である。日本文化だから残すというのはナンセンスのきわみである。

第7章 ヒトの食行動——ヒトの〝食べる〟を考えよう

1 最初の人類を作った食物——ヒトへの進化

最後の共通祖先の食事

人類は大型類人猿の仲間である。ヒト以外の大型類人猿のおもな食物は、果実である。そういった中で、ヒトと最も類縁の近いチンパンジーやビーリャ（ピグミーチンパンジー）の食物は、変化に富んでいる。マハレを例にとると、チンパンジーは、果肉、種子、木の葉、葉柄の髄、木性の蔓の髄、イネ科やショウガ科の茎の髄、花、ガム（樹脂）、アリやシロアリやハチ、虫嬰《ちゅうえい》、甲虫の幼虫、蜂蜜、鳥の卵やひな、哺乳類の肉や骨などを食べる。

ビーリャの食べ物も、チンパンジーと似たり寄ったりだが、哺乳類の肉をあまり食べないこと、ミミズなど泥の中の生物を食べる点が異なる。

ヒトとチンパンジー属の共通祖先は、果実を中心とした植物性食物に偏った雑食性であったと考えてよいだろう。それでは、どうしてチンパンジー属とヒトの祖先はたもとを分かったのだろうか？

地域によって異なる主食

現在のヒトの主食は、果実ではない。もちろん、果実も食べるが、果実を主食にしている民族はあまりいない。

人類の食物は、民族によってまちまちだ。温帯の多くの民族は穀類を食べる。南方では、キャッサバやヤムイモなどイモ類を主食にする人々も多い。ニューギニアなどではサゴヤシの澱粉も主食になる。アンデス原産のジャガイモはアイルランドやドイツなど、どちらかといえば寒冷地の主食である。バナナを主食にする民族もいなくはないが、バナナは果実といっても例外的なものである。主食にされるバナナは、料理用のプランテンバナナであり、一般の果実と違って、甘くない。遊牧民の主食は乳製品と血である。南方狩猟採集民は、果実、イモ、脊椎動物、昆虫、などを食べ、極北の狩猟民イヌイットはほとんどアザラシばかりを食べる。このようにおもな食物が地域的にひじょうに多様であることは、ほかのどんな動物にも見られないヒトの特徴である。

仮説は花盛り

いったいいつ、こんな融通性が生まれたのだろうか？　人類を類人猿から分けた、そもそもの食べ物はなんだったのだろうか？これは、人類学の最もホットな話題の一つだといってよいだろう。そして、各民族の主食の数だけ仮説があるような状態である。

多くの人類学者は、チンパンジーやビーリャが食べないもの、あるいは食べるにせよわずかしか食べないものでヒトがよく食べるものの中にこそ、ヒトを作った食物があるはずだと考える。

イネ科の種子は、チンパンジーやビーリャは食べない。イギリスの形態人類学者クリフォード・ジョリー博士は、イネ科の種子を食べるゲラダヒヒの歯がヒト科の歯に似ていることを指摘し、「種子食仮説」を唱えた。人類を作った食べ物はイネ科の種子だと考えたのである。この説の難点は、初期人類の食べたイネ科として、適当な候補者が見当たらないことである。

第二は「イモ食仮説」である。チンパンジー属は、イモ、つまり植物の地下器官もほとんど食べない。イモは地面を掘らなければ入手できない。つまり、掘棒の使用が必須である。じつは私は、昔からこの仮説を信奉している。文明と接触を持つ前の狩猟採集民が、例外なく持っていた道具は掘棒だった。これは土を掘るだけでなく、小動物を殺したり、武器としても役立つ多目的道具であったことはまちがいない。

第三に、最もポピュラーな「肉食仮説」がある。ダーウィンが初めて主張し、のちにアウストラロピテクスの発見者レイモンド・ダートが代表的論客になった。そして、二〇世紀のアメリカの指導的人類学者であるシャーウッド・ウォッシュバーンが狩猟仮説を信奉したので、つい最近まで最も有力な考え方だった。

チンパンジーも肉食をするが、一部の大人の雄を除くと、食事の重要部分を占めているとはとうていいえない。だから、イヌイットのような民族を見ていると、ヒトを、「肉食化した類人猿」だという考えを支持したくなる。なにしろ、食物の九〇%をアザラシなどの哺乳類から得ているのだ。しかし、肉が太古の昔、「人類を作った」食物であったかどうかは、議論の余地がおおいにある。現代の狩猟採集民の食事の中に占める肉の量は、緯度の高さに比例する。熱帯の狩猟採集民が肉に依存する程度は二〇〜五〇%と変異が大きい。しかし、この大きな数字のほうが例外で、南アメリカの森林に住むアチ族のデータである。

人類進化の三段階

さて、「人類を作った」食物といったが、人類とはこの場合なにを指すのかはっきりさせておかないと、いたずらに議論を紛糾させるだけである。人類の進化史は大きく三つに分けるのが普通で、一つはチンパンジー、ビーリャの共通祖先と分かれて、直立二足歩行を採った段階である。これは七〇〇〜五〇〇万年前と考えられている。もう一つの区切りは、標準化した石器と火を日常的に使い出した段階で、ホモ・エレクトゥス（直立原人）の出現時期である。これは、約二〇〇万年前と考えられている。最終段階は、現代人ホモ・サピエンスの出現した数万年前である。

人類史における二足歩行獲得

かつては、二足歩行の獲得が、人類進化にとって非常に重要な段階と考えられていた。アウストラロピテクスに「ごつ型」[※1]と「やさ型」がいて、両者に祖先―子孫関係がなく、同所的に住むことさえわかったとき、この「二足歩行信仰」は消滅するべき運命にあった。なぜなら、二足歩行を採ったといっても、「ごつ型」のほうは絶滅してしまったからである。二足歩行をしても、ホモ・サピエンスになる保証はなかったのである。

しかし、ほとんどの古人類学者は、二足歩行を開始したら、それは現代人へとまっしぐらに進化していくものと考えていた。この主張の代表的な学者は、ミシガン大学のローリン・ブレイス教授だったが、ヒトの祖先が二足歩行と「文化」というニッチを獲得した途端に、もうほかの動物に進化することはなく、ホモ・サピエンスに向かってまっしぐらに進んでいったと考える古人類学者が大多数だっ

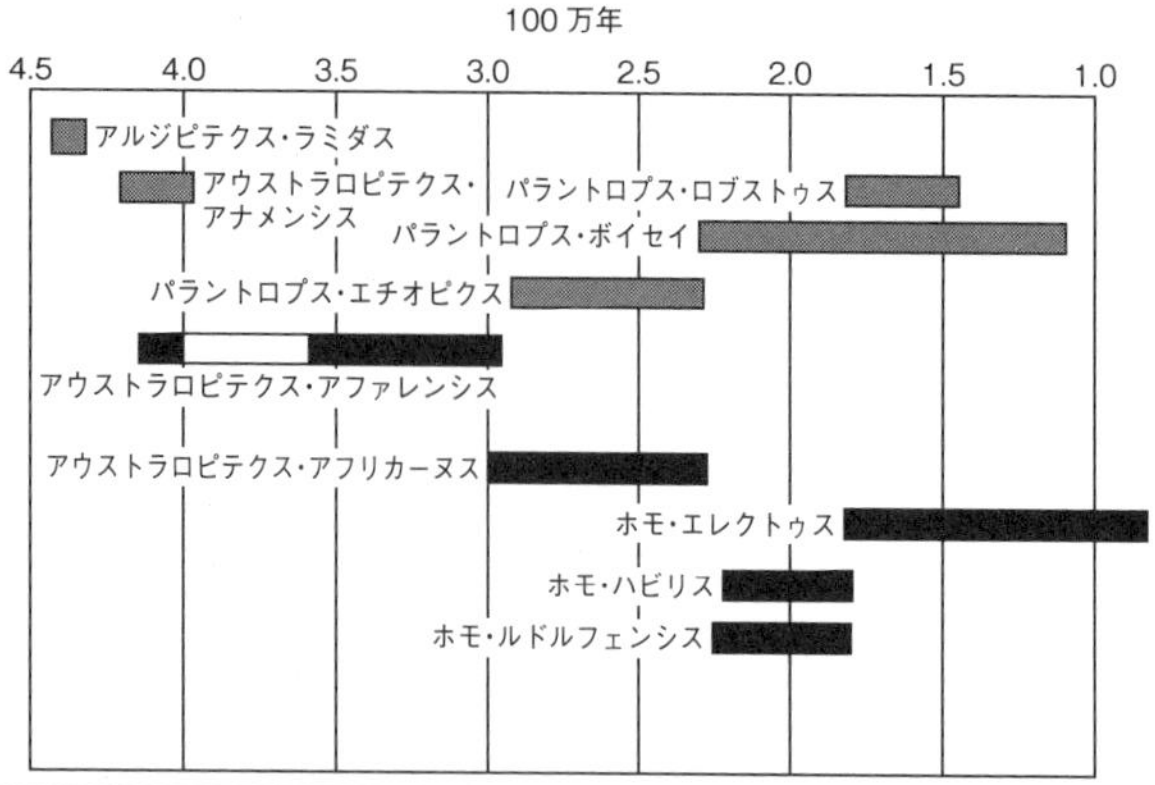

図7－1●化石人類の存在時期（Fleagle 1999）

たといえる。「文化というニッチ」は人類だけが占めるという考えでは、複数種の人類の共存という考えは成り立たない。文化が大型類人猿にも見い出される今、この考え方は人間というものは「人間中心主義」の考えから脱却するのが非常にむずかしいものだ、ということを示している。

現在では、新しい人類化石がどんどん出てきて、専門家ごとにそれらの位置づけが異なる。まさに、ヒトへの系統は「ブッシュのよう」になってしまった（図7−1）。はっきりしたことは、二足歩行を採った「動物」はたくさんいたということである。それだけ、二足歩行の価値は下がってしまった。もちろん、二足姿勢を採っていたことが後年、言語を可能にする解剖学的な根拠を与えたなど、人類進化に与えた影響は大きい。しかし、ここで私がいいたいことは、七〇〇〜五〇〇万年前の直立二足歩行成立の段階では、脳の拡大化や文化的な大きな進歩などを考慮する必要はないということである。

人類をチンパンジー属とを分けた食物?

そこで、この最初の人類を出現させた食物ということだが、私はイモ説を押したい。二足歩行はアフリカの森林とサバンナの移行地帯で生まれたという可能性が高い。そこにヤムイモが多い。ヤムイモは有毒であく抜きしなければ食べられないものもあるが、多くはそのまま食べられる。掘棒が必要だが、中央アフリカのチンパンジーがシロアリの塚を掘るのに棒を使うのだから、最初の人類が使っておかしくはない。

さて、人類進化の第二の段階を作った食物は、なんだろうか? ホモ・エレクトゥスの出現を機にして、四つのことが起こったとされる。一つは、体と脳の大型化である。第二に、男女の身体の性差が小さくなった可能性である。第三に、標準化した石器、ハンドアックスの出現である。第四に、火の使用の証拠が出てくることである。

憶測の域を出ないが、おそらく、道具への依存が強まったことが、性差を小さくしたのだろう。この時期は火を使って、より多様なものを食事にとり入れた時代と考えたい。イモやマメなどには火を加えると、消化がよくなるのはもちろん、毒性が抜けるものも多い。

そして、人類進化の第三の段階、ホモ・サピエンスの出現には、狩猟の重要性が非常に増加したのではなかろうか。道具の著しい発展と脳の極大化は、おそらく狩猟と深い関係があるものと思う。

※1　ごつ型、やさ型……アウストラロピテクスの仲間には、切歯が極端に小さい一方大きな臼歯と強力な咬筋を持っていたパラントロプス・ロブストゥス、パラントロプス・ボイセイなどの「ごつ型」と、歯の特殊化が進んでいず、体格もより小型のアウストラロピテクス・アフリカーヌス、アウストラロピテクス・アファレンシスを含む「やさ型」のタイプがある。

2 朝食は重要か？――食事の回数

「一日三食説」の神話

わが国では、食事は一日に三度とらなければならないとか、あるいはそれがよい習慣だとされている。実は私も恥ずかしながら三食食べている。多くの人は「三回食べる」ということにまったく疑いを抱いていないし、そんなことは太古の昔から決まっていることと考えているようだ。

どうもそうではないらしいと私が気づいたのは、一九七〇年に千葉県高宕山のニホンザルの日周活動リズムの研究を始めてからである。た。サルの活動を「採食」「移動」「休憩」「社会行動」に分け、一時間ごとに、群れの個体のうち何頭がどの行動をしているか一分以内に数える。そうして、採食時間の割合が一日にどのように変化するか調べた。すると、一日三食といってよいようなパターンを示す日もあったが、四食といってもよい日や、あるいは一日じゅう目立ったピークがない日など、「三食説」には不都合な結果のほうが多かった。また、前日の採食行動が翌日に影響する、といったことも多かった。たとえば、前日の夕方遅くまで食べた場合は、翌朝の食事開始が遅れる、などである。降雨も採食リズムに大きな影響を与えた。しかし、よいデータのとれた日を全部あわせてグラフにしたら、きれいに三回のピークができてしまった。もちろん、これはあまり意味がないことである。

食事回数と食事時間

マハレのチンパンジーの研究は、サトウキビで餌づけすることから始まった。初めは、チンパンジーは人間にまったく慣れていなかったので、私はサトウキビ畑に現われるチンパンジーを百メートルも離れた所から双眼鏡で観察し続けた。こうしたことを何日も続けているうちに、おもしろいことに気づいた。チンパンジーはたいてい朝早く現われ、そして二時間以上も食べ続けたあと、いったん姿を消す。畑の周辺の森の中で休憩しているらしかった。そして、長い長い沈黙のあと、三時ごろ再びパントフート、つまり遠距離通信用の大きな声が聞こえ、チンパンジーが畑に姿を見せた。そして夕方までサトウキビを食べるのである。

こうして私は、チンパンジーは「朝・昼」の二食制だと確信したのである。しかし、その後チンパンジーが人なれして、個体ごとに一日追跡できるようになると、この二食説も崩れてしまった。やはり、ニホンザルのように三食の日や四食の日や五食の日さえあるのである。しかも、チンパンジーの研究の場合は、ニホンザルの場合と違って、同じ個体を徹底的に追跡しているので、日周活動の本当の姿がわかる。図7-2の三枚のグラフが示すように、採食のパターンはまちまちであることがわかる。また、一日のどの一時間をとっても採食をまったくしない場合はむしろまれであることがわかる。しょっちゅうつまみ食いをしているのだ。

ヒト以外の霊長類と現代人の大きな違いは、食事回数よりも、食事の時間が短いことである。農耕・牧畜そして品種改良によって栄養価の高いものを食料とし、さまざまな道具や機械を使って食べられない部分を除去し、食べられる部分も熱を加えることによって消化を容易にしたおかげで、サルと比べると驚くほど食事に使う時間は減った。都会人には昼食を五分ですます人もまれではない。しかし、チンパンジーは一日の五〇％を採食に使う。もちろん、都会人は、農耕牧畜はもちろん、採集、運搬、調理など、本来自分でやらなければならない仕事を他人にやってもらっているので、「採食時間」が短くなっているだけである。

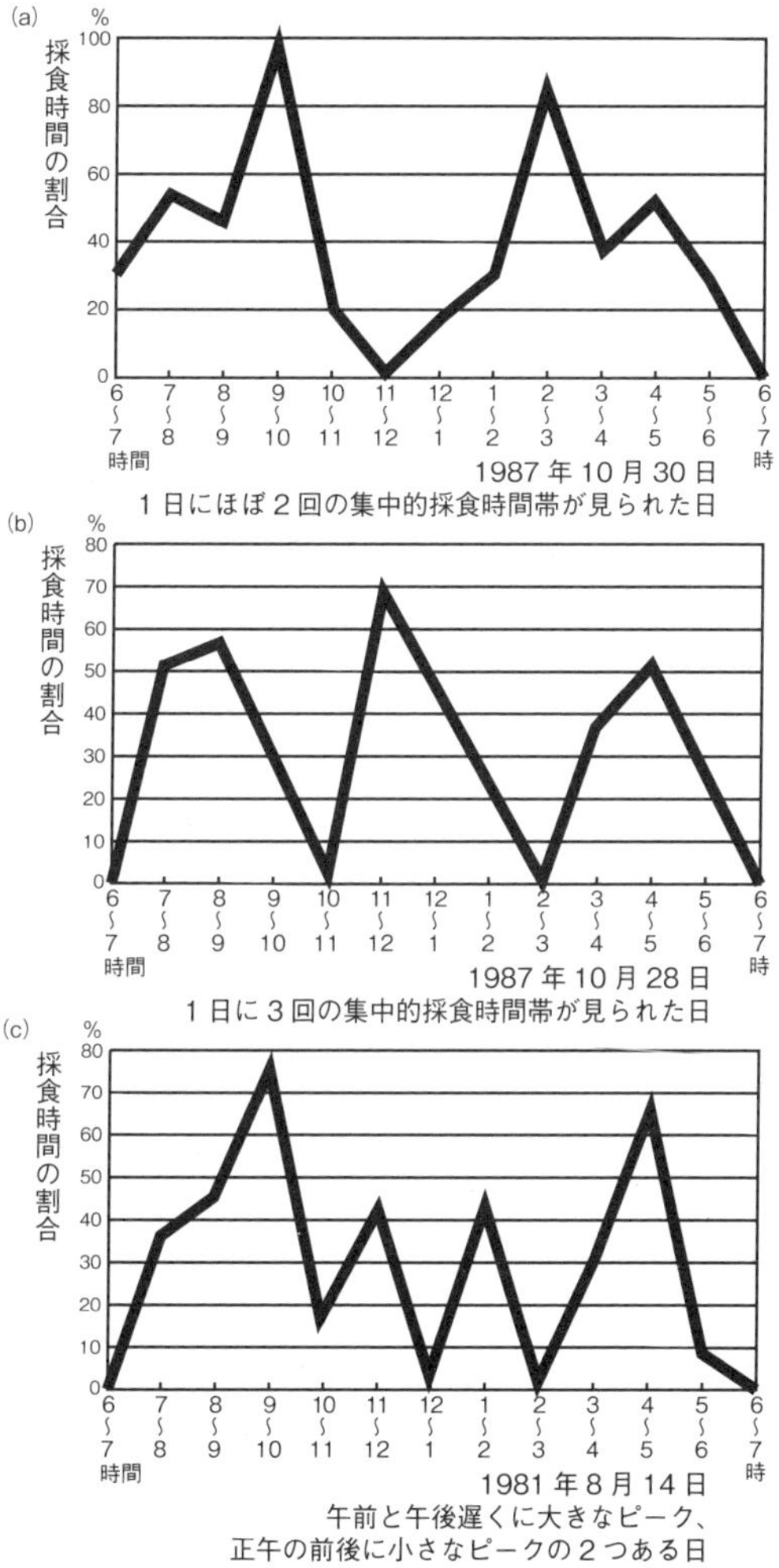

図7-2●チンパンジーの大人の雌の個体追跡調査データ。
(a) 1日2食パターン、(b) 1日3食パターン、(c) 1日4食パターン

常識はずれの栄養学

食事については、なにか迷信のようなものがつきまといがちである。近ごろは、朝食の重要性が強調され、朝食をとらない者は健康に留意していないかのように責められる。しかし、空腹でもないのに朝食を無理に食べるのは愚かである。やせるためには朝食をとったほうがよいという説にいたっては、あいた口がふさがらない。朝食であろうと、昼食であろうと、とった食事の質と総量がなにより問題である。朝とるか昼とるか夕方とるかはそれほど関係がない。幼稚園児でもわかることである。やせるためには、運動するか、メシを減らすしかない。多くの人にとっては、朝食を抜くのがいちばん容易だから、太りたくない人が朝食を抜くのは当然だ。もっとも、現代日本では、家族みんながそろうのは朝だけだから、朝食を家族みんなでとりましょう、という提言には意味がある。しかし、これはダイエットとは関係のない話である。

チンパンジーの採食行動から考えると、朝飯と夕飯を取るのが自然かなと私も思うが、現代日本のように自然状態では考えられないほど濃厚な夕食をとった人が、朝飯を抜くのはこれまた自然なことであろう。もちろん朝起きて空腹を感じる人が朝食を食べるのは、健康を維持するよい習慣だということに反対するものではない。

一九八〇年頃だったか、アルカリ性食品、酸性食品のバランスをとれ、というようなお説教がまかり通っていたが、今はだれもそんなことはいわない。栄養学関係のある学会で、私は「霊長類は早朝に果実を食べることが多い。その理由は、ほかのサルや鳥など昼行性の果実食の競争者がいるからである」、と述べたところ、聴衆の一人が「果実は朝食べるほうが栄養価が高い、と教えられました。そうではないのでしょうか」と質問した。私は、「台所に置いてある果実の栄養価が昼や夕方より朝のほうが高いとは考えられません」、とにべもなく答えた。

常識で考えればおかしなことが、栄養学には多いように思う。

3 カニはなぜうまいのか？——現代人のグルメ三昧

「美味」とは

私が不思議でならないことは、カニやエビがいちばんの美味と感じられることである。カニといってもマツバガニやタラバガニ、エビはイセエビやボタンエビのことである。彼らは深海に住み、つかまえるのは容易ではない。人類が深海のカニをとる技術を発達させたのは、せいぜい過去一〇〇〇年以内のことにまちがいあるまい。すると、彼らをおいしいと感じるような味覚が進化するには、時間が短すぎる。マツバガニなどは、人類の長い進化の歴史の中で、ごく最近遭遇した「環境要素」にすぎない。

こういった疑問に対して、それは文化のせいだ、といってかたづける人もいるかもしれない。日本文化ではカニがごちそうとされ、おいしいものと思われているからおいしいのだ、という説である。こんな説はとるに足らない。フランス料理でも、中国料理でもカニやエビは美味とされているからである。

いちばんあり得そうな説明は、人類が深海の動物をとる技術を発達させる前の数百万年間、カニやエビの仲間である節足動物を常食としていたということである。シロアリやアリ、ゾウムシやカミキリムシの幼虫、チョウやガの幼虫は、熱帯では類人猿やヒトの大好物である。シロアリの羽アリ、つまり生殖型やゾウムシなどの幼虫は、非常にうまい。また、ホモ・エレクトゥス（直立原人）ならば、沢ガニや淡水のエビもつかまえて食べたかもしれない。それなら、こういった節足動物のたんぱく質の成分であるアミノ酸をうまいと感じる味覚が進化しても不思議ではない。

しかし、うまいといっても、また少しは味が似ていることを認めても、昆虫や沢ガニの味と、マツバガニやタラバガニの味は異なる。それに、なぜ、進化の歴史で長くつき合いのあった生き物より、最近の遭遇者であるマツバガニやタラバガニのほうがうまいのかは説明が必要であろう。ここで私はハタと行き詰まるのである。

超正常刺激？

しかし、ヒントになる現象をニコ・ティンバーゲンが記している。ミヤコドリなどの鳥の巣に、その種の卵と、それより大型の精巧に作った卵の模型を置いてやると、偽物の大型の卵のほうを抱こうとするそうである。たとえ、自然界に存在しないほど大きくても大きいほうが魅力があるわけだ。

「キュート・レスポンス」というのがある。「かわい子ちゃん反応」とでも訳せばよいだろうか。子供の姿を描くとき、極端に頭部や目を大きくし、胴体や腕脚を短くすると、たいへんかわいい感じになる。現実に存在しないプロポーションのほうが、実物より魅力的になるのだ。ディズニーや手塚治虫がこのことを熟知していたのは、ドナルドダックや鉄腕アトムを見ればわかる。また、女性を、あり得ないほど豊かな乳房や大きなお尻の持ち主として描くのも漫画家の常套手段である。

脊椎動物だけではない。ジャノメチョウの雄は、交尾のため雌を追いかけるが、実物の灰色の雌より黒い偽物の雌のほうが、雄にとっては魅力があることを、ティンバーゲンは実験で証明した。こういった現象を、彼は「超正常刺激」と呼んだ。つまり、自然界にある正常の刺激より強い刺激ということだ。

「うますぎる」食べ物

さて、マツバガニの味は、人間にとっては「超正常刺激」である、というのが私の説である。そういったところで、なにも解決したわけではない。しかし、ここにヒントがある。「限りのない嗜好」とでも呼べる感受性が、神経系に生まれるのは、動物共通の特徴なのではなかろうか。たとえば、ミヤコドリの例に戻ろう。自然界では、より大きな卵は繁殖成功を増すので、好ましい。しかし、自然界では卵の大きさには限度がある。同じ資源で卵を大きくしたら、数を減らすしかない。また、大きすぎると孵化させにくいという問題も起こる。よいことがあれば、悪いことも起こるのだ。これをトレード・オフという。卵が大きくなることによるマイナス面を考えると、自然界には、とんでもなく大きな卵は生じようがない。それゆえ、自然界に見られるより大きなサイズの卵には好ましさを感じなくさせるという自然選択は働かなかったのであろう。一方、あまり小さな卵では孵った雛が小さすぎて死にやすいあるいは捕食者にやられやすいので、小さい方の限界には自然淘汰が働いたのであろう。

同じように、ヒトの長い歴史で、栄養価の高い節足動物のアミノ酸、あるいはアミノ酸グループをうまいと感じる味覚が進化したが、そのとき「うますぎる」食べ物をシャットアウトする必要は生じなかったのである。

「うま味」でなくて、「甘さ」について考えるなら、より理解は簡単だ。かつて、人類の大部分の歴史を占めた狩猟採集時代、甘味は果実か蜂蜜しかなかった。しかも、これらの量は限られていた。この甘味に対する感受性も上限がなさそうだ。甘味成分である蔗糖を直接口にすれば、少なくともほとんどの果実より甘く感じるだろう。この純粋な蔗糖も「超正常刺激」と呼べるのではなかろうか。

食物不足のない文明社会

さて、よく考えてみると、これは、私が本章の第四節で述べる食べすぎの問題とよく似た話だということに気づくだろう。狩猟採集時代、食べすぎて悪いことはなにもなかった。食べすぎた食物は皮下脂肪となって蓄えられ、食物がわずかしか入手できなくなる季節のための預金として機能したのである。「食べ物が多すぎる」という事態は長く続かなかったので、食べすぎることをやめさせるような自然選択は働かなかった。だから、食物不足のない文明社会で、肥満や糖尿病が生まれたわけである。

こういったことを考えると、環境に従うのが動物で、環境を改変するのがホモ・サピエンスだ、などと威張るのはやめたほうがよいと気づく。まず、ヒトにとって、どんな超正常刺激があるのか、調べ尽くさなければなるまい。

4 〝食べる〟ために生きる

人間も食べるために生きる

いつのまにか、わが国は、グルメ天国となった。なにしろ、学生さえそこらへんの料理屋でごちそうされても喜ばない。コンパのときには、国産でなくオランダやドイツの聞いたこともない銘柄の少々値の張るビールを調達してきたりする。テレビでは毎日、日本全国の温泉巡りとごちそうを紹介しているし、最近はNHKの教育テレビのゴールデンアワーが料理番組のようになった。

私もごちそうが好きなので、いちいち文句はつけない。よい素材は望ましいし、同じ素材なら、うまく料理しておいしく食べるくふうをするのは人間なら当然求めることである。

「人間は食べるために生きるのではない、生きるために食べるのである」という格言がある。私が小学生のとき、先生が何度も話した言葉である。もっともらしい言い草だが、私は大嫌いだ。それでは「生きる」とはどういうことですか、と尋ねたくなったものだ。

動物を見てみよう。チンパンジーは昼間の五〇%を採食に使っている（本章―第二節参照）。動物の採食とは、探索（食物素材を探す）、調理（食物素材から食べたくない部分をとり除く）、摂食（口に入れる）

からなる。じつは、そのあとの休憩時間も消化のために使っているのだから、その時間も入れれば、明るい時間の七〇%は採食時間かもしれない。消費している時間からいうと、明らかに、チンパンジーは食べるために生きている。もちろん、〝動物と違って人間は〟生きるために食べるのだ、と先哲はいいたいのだろう。それでは「生きる」目的とはなんだろうか?

生命の流れを絶やさないこと

人間はほかの動物同様、自分の意志で生まれてくるのではない。親に産み落とされただけである。親もまた、その親に産み落とされたにすぎない。そうしてさかのぼると「生きる」ことに目的などはない、ということになる。そこには、生命の流れがあるだけだ。しかし、そこにも意味を見い出そうとするなら、この生命の流れを途絶えさせないことが人生の目的となろう。

途絶えさせないためには、他人やほかの生命体の存続にも心を配らなければならない。ほかの生命体といっても、元は同じなのである。これは遺伝の仕組みがすべての生物で同じであることがわかって、劇的に証明された。

生きることが、生命の流れを絶やさないことであれば、あとは人生を楽しめばよい。なぜ楽しみが生まれたのか?遺伝子を増やすための装置である身体を維持し、そして遺伝子を増やす行動、増やすことに導く行動こそが楽しみをもたらす。つまり、そういう行動を楽しいと感じさせる脳が進化したのだ。

楽しみの第一は、食べることである。眠ること、恋をすること、自然の中を歩くこと、動物を見ること、花のにおいをかぐこと、食物を調達すること、遊ぶこと、人の噂話をすること、ほかの人々の賞賛を得ること、ほかの人々を助けること、逆に助けられること、などなど人間が何億年の進化の歴史の中で身につけてきた楽しみは数多い。それこそが、生命の流れを維持することである。

私は、なによりもほかの生き物と共存するたいせつさを強調したい。ヒトは多様な生物とともに進化してきた。そして、多様な環境を利用し、多様な生き物と交渉をもってきた。どの民族にも分類学がある。多くの人が収集癖を持っているのは、環境の中の事物を分類したいという強い欲求があるからだ。それが、切手や古銭の収集、昆虫採集などの趣味の根源である。マッチのラベルや端切れまで、他人にとってはなんの価値もないものまで集めるのは、分類することがヒトの生存や繁殖にとって有益であったから快楽となったのである。私は子供のとき、昆虫、切手、古銭はもちろん、新聞の「題字」集めにも狂奔した。『朝日新聞』とか『京都新聞』と印刷された部分を集めるのである。ある日、鹿児島から来たお客さんが『南日本新聞』という〝珍種〟をもっているのを見つけたときは、小躍りしたものである。この好奇心と分類癖は、多様な自然の中でこそ必要な人間の根元的な本能の一つである。多様な自然が失われては、ヒトの最も大きな楽しみの一つが失われるであろう。

第8章 食の現在――現代文明と食生活

1 飽食と廃棄の現代文明

飽食にご注意

グルメはかならずしも悪くないが、度がすぎてはいけない。とくに温泉旅館などがとても食べきれないほどの料理を出すのは、犯罪的である。さすがに批判が増え、老人向けに量を減らす旅館も出てきたようだが。ホテルの朝飯をバイキングにするホテルが多いのにも困る。そして、千五百円も二千円も平気で取る。朝飯をたらふく食べる習慣をもつ人が多いとは思えないのに、不思議なことである。

飽食して必要以上に体重を増やして健康を害し、しかも食べ残す人がいる。私はこのバイキングと称するセルフサービスが大嫌いだ。多くの日本人は取りすぎて、残してしまう。一九八〇年代だったろうか、パキスタン航空で乗り継ぎのさい食事時間になり、カレーに似たさまざまな料理がカラチ空港のレストランに並んだ。そのときイスラムの難民か労働者の団体と一緒になった。私が驚いたのは、彼らがこの〝バイキング〟の昼食のときとった態度だ。大皿にめいめいがわずかしか取らなかった。皆、私より背が高く痩せていたが、山盛にするような人は皆無だった。値段が同じであればなんでも取りたいだけ取る日本人の態度が恥ずかしかった。このときほど、宗教というものの価値を教えられたことはない。必ずしも「貧すれば鈍する」わけではないのである。

しかも飽食しているのは、先進国の人間だけではない。イギリスの飼い猫が年間に摂取する蛋白質のカロリーは、一匹当りでアフリカ人の一人当たりの二倍だという。しかも、イギリスにおけるネコの年間飼育費用に達しない所得（四〜五万円）しか得られない人が全世界で十億人もいるという。

われわれの身体は食物が充分には得られなかった時代の産物である。飽食できるような日は、一年のうちに何日もなかった。そのため身体はたまに得られた過剰な食物を皮下脂肪に変え、飢饉の時期に備えたのである。ヒトは、あれば飽食するまで食べるように心理も身体もできている。私たちの身体は更新世向きなのだ。食物の乏しい時期などないこの文明社会では、自制し飽食しないようにしなければならない。

飽食が地球を滅ぼす

日本が自給しているのはコメくらいであとはすべて輸入だ。さすがに水産国家といわれるだけあって魚介類の「自給率」は六〇%である。しかし、内実は自給からほど遠い。京都名物のサバ寿司も、もう鯖街道を通じてやってくるのではない。若狭湾ではとっくに大型の鯖は枯渇し、九州などから細々と入ってくるのを待つだけと聞いた。世界でもまれなほど豊かな日本近海で乱獲し、海岸を埋め立て、アユやウナギのいた清流を破壊して、類まれな漁業資源を台無しにした。エビの多くは東南アジアのマングローブ林を破壊して作った池で養殖されている。たこ焼きのタコの多くは北アフリカのモロッコから、ウナギの稚魚は中国を通じてヨーロッパから、マグロはあらゆる海からとりまくり、密漁船からも購入している。日本などが太平洋や大西洋、インド洋へ遠征し近代漁法で魚を取りまくるため、おかずとして魚に依存していた南の貧しい国々の人々は困りきっている。領海は百海里と定めていても、機器や快速船がないため侵犯する先進国の漁船を実際に取り締まることはできないのである。

その上、日本は必要もないのにクジラまでも調査捕鯨と称して捕っては売りさばいている。鯨類研究所は、鯨肉があまり売れないので学童の給食に入れることによる、消費増大を画策していると聞く。「調査」捕鯨など名ばかりである。

日本は、世界の生物多様性を破壊している張本人である。ハンバーグなどに使う安いビーフの多くは中央アメリカや南アメリカの熱帯林を破壊して作った牧場で育ったウシからくる。フィリピン、ボルネオ、ニューギニアと次々と熱帯雨林を破壊し、今はアフリカからも多量に熱帯木材を輸入している。自然を破壊して木材や食料を生産しその輸出で生計を立てている貧しい国々がある。日本はそういった貧しい国に依存している。熱帯森林の中では、森の果物、ヤムイモ、獣、魚や川エビ、昆虫などを食物とし、薬草も調達し、樹皮や毛皮で衣服を作り、潅木や木の枝葉で小屋を作って持続的な生活を送る狩猟採集民が住んでいる。私たちの目の前で伐採がおこなわれていないので、私たちがこういった先住民の生活を蹂躙していることに気づかない。そして安楽な生活をむさぼっているのである。

そのくせ、「環境にやさしい」ヤシ油が宣伝されている。インドネシアなどでは熱帯雨林がアブラヤシのプランテーションに変えられたことが、オランウータン絶滅の大きな原因になっているのだ。東南アジアのヤシ油の大部分はマーガリンや洗剤となって日本で消費される。

そしてこうして得られた貴重な食料も、三〇%以上は廃棄されている。そのため、日本の国土はリンや窒素で飽和し、湖や内海は富栄養となり、酸素が欠乏して生物が死ぬ。江戸時代には、食料の生産地から消費地へ食料が、逆に糞尿が流れ、リサイクルしていたのだが、食料が外国から一方的に流入するようになって、それが失われた。

2　食料輸入で日本人は生活を維持できるのか

食料安保

二〇〇五年度現在、コメや水産物以外に日本が五〇％以上の自給率（カロリーベース）をもっているのはイモ類（八一％）、野菜（七九％）、鶏卵（九四％）、牛乳・乳製品（六八％）、鯨肉を除く肉類（五四％）などである。しかし、野菜を除く自給率はインチキである。というのは、飼育用を含めた穀物の自給率は二七％に過ぎないからである。やれ松坂牛、近江牛、但馬牛は国産牛のブランドだといって騒いでいるが、餌はみな、外国産の小麦などを混ぜたものを食べて太っているのだ。大豆の自給率に至っては五％にすぎない。

日本の特産のようにいわれる豆腐も醤油も、もとはアメリカの大豆が原料である。小麦の自給率は一四％だから、日本自慢のうどんも外国産である。

どうしてこんなことになったのか。日本はアメリカによって食料を作らせてもらえず、買わされているからである。日本は自動車や機械を輸出するとき多額の関税をかけられないかわりに、食料を輸入するとき多額の関税をかけられないようにされてきたのだ。「お互いさま」というなかれ。食料は生きるために絶対に必要なものだが、車や機械はそうではない。同じように扱われるべきものではない。ヨーロッパも同じようにアメリカに圧力を加えられているが、平気で農業保護政策を採っている。フランスなどは食料輸出国であり（自給率一三〇％）、ドイツが九六％、最低の英国でも七六％である。先進国のうち日本だけが自給率三九％という惨めな成績を残しているのである。

日本はアメリカの核の傘に入れてもらっているから逆らえないというのが、言い分の一つである。そして、農業政策を好きなように実施するには核の傘から抜け、日本は核武装すべきであるという。核武装など無意味である。日本を屈服させるのに敵国は原爆を投下するだろうか？もっと簡単な方法がある。日本への食物禁輸である。また、日本の原発を爆破することは原爆投下と同じような効果があるだろう。どことも同盟をせず、核武装はせず、永世中立を宣言する。それで心配ならせいぜい迎撃ミサイルを装備すればよいであろう。

現在は過剰生産しているアメリカに食料を押しつけられているが、近い将来、それは変わるだろう。先進国こそ人口は増大していないが、中南米やアジア・アフリカはどんどん人口が増えているからである。近い将来、「どうぞ食料を売ってください」と日本は多くの国にお願いしなければならないだろう。輸入食品に難癖をつけることができたことを懐かしく感じる時代がすぐそこに迫っている。

なぜ、食料を自給しなければならないか

なぜ、食料を自給しなければならないかは、すでに多くの人が語っている。第一に、上にすでに述べたように国防上である。いわゆる食糧安保、「食糧自給による安全保障」である。菊池勇夫の『飢饉』によると、江戸時代には日本は六回の大飢饉があった。明治維新以降でも五回にわたって東北地方が大凶作に見舞われた。そのうち二度は昭和に入ってからであり、娘の身売り、欠食児童が社会問題となった。江戸時代の日本の人口は三千万、戦前の人口は六千万程度である。一億二千万人を超える人口を養うのは並たいていのことではない。しかし、四〇年余り前の一九六五年、食物自給率は供給熱量ベースで七三%だった。とりあえず、この数字をめざしてまず努力すべきだ。

第二に地産地消によるエネルギーの節約がある。右から左へ食物を動かすのに多量のエネルギーを使っている。地産地消は、食料運搬に無駄な燃料を使わないで済み、化石エネルギーの温存に大きな貢献をする。日本は炭酸ガス排出量を二〇一〇年には一九九〇年の六%減にするという計画をたてたが、実際には二〇〇四年現在で七・四%も増えてしまった。プラスの成長率を続けながら、石油の消費を減らすことなどできるわけがない。

かつて日本の食養生の極意は、「三里四方で採れた物を食す」であったという。「大地を守る会」は、食物を生産地から日本まで運ぶのにどれくらいエネルギーを消費するかを計算している。使用する燃

料が排出する炭酸ガス百グラムを一ポコと名づけ、外国産を利用した場合に日本産を利用した場合よりどれだけ多くの炭酸ガスを排出するかを、食品七〇品目についてインターネットで公表している(http://www.food-mileage.com/)。地産地消によって、消費する町と生産する田舎の間のリサイクルを再生させる可能性も生まれるだろう。

第三に自国の食物、とくに地域内の食物を食べれば、食の安全管理ができる。食の安全を監視できる。すでに生協等と契約して、身元のはっきりわかった食物を入手している家庭も多い。それによって、農家も需要に応じた生産が可能になる。これはまた、生産者と消費者の間のコミュニケーションが存在するということでもある。

第四に日本の基層文化といわれてきたイネ文化と関係する美しい景観、神社、里山の維持である。一九六三〜六五年、大学院修士課程の学生だった頃、私は千葉県の房総丘陵のニホンザルを研究した。そこには、美しい田園とマテバシイの巨木がなす緑陰があり、景観に似合った草葺の立派な家屋に人々は生活していた。まだおそらく江戸時代の伝統を引き継いでいたのであろう。分散する小さな田んぼでコメを作り、木馬路を作ってウマで薪や炭を運び、山ではヤマイモやキノコ、川ではシジミ、オイカワ、シマドジョウなどをとっておかずにしていた。こういった景観は日本中にあったが、今や農業軽視による過疎化で多くは消えていった。しかし、今なら、伝統の維持と回復は可能だろう。NHKに「里山の一年」というドキュメンタリーの最高傑作がある。琵琶湖畔に住み伝統的な生活を送っている人々と生き物を描いたものである。私は日本人が自然と織り成して作り上げた環境の美しさに圧倒された。

自由貿易と規制緩和

食料をむだにしないこと、食料自給率を上げること、人口を漸減すること、それが日本を再生させ、生物多様性を守る道である。技術開発を進めることが、人口爆発に対処する方法だと考えている人がいまだに大多数であるが、これは超楽観主義である。たとえば、品種改良によって収量の多いコメを作っても、その分だけ人口が増えて、元の木阿弥になろう。現代日本が贅沢をできるのは、自動車など付加価値の高いものを売って、食物など付加価値の低いものを購入しているからである。一億三千万人もの人口を食べさせるには、当分この方略中心で行くしかないだろうが、いつまでもこの方法でいけると考えるのは間違いである。道義上間違っているからだけでなく、いずれ自動車なども中国やインドなどの国々に追いつかれるだろうからである。アメリカは日本に追いつかれたのである。日本だけが他の国に追いつかれないのだろうか？「神国」だから？

「安い食物を外国から輸入すればよい、そのためには自由貿易で、農産物に関税をかけるべきでない」、これだけが戦後の日本の政策であった。政府と経済界は、日本の農業を衰退させ、いまや「聖域のない規制緩和」と称して、日本の農業を、美しい田園を殲滅しようとしている。こまめに手入れされていた美しい田園が、大規模農地の名のもとに見る影もなく平準化され、ノッペラボウにされた。いくら大規模にしたところで、アメリカやオーストラリアなどの広大な農地に太刀打ちできるわけがない。「農業にも力を入れた」という言い訳を作るための作業に過ぎない。

しかし、外国への食料依存はもう通用しない。地球の人口はどんどん増え、それだけ食物の真の価値も戦略的な価値も増大しているのである。内橋克人氏は、「食物」と「エネルギー」と「ケア」に関する地域自給圏をつくるべきだと主張されている。ゆっくりと、農業中心の国へ移行すべきである。自由貿易は、先進国が後進国を搾取する手段であるばかりでなく、工業資源をもたず農産物自給を考えない日本のような国を、そして地球環境全体をいずれ破滅させるだろう。

3　GDP伝説よ、さようなら

GDPは豊かさをあらわすのか

GDPは本当の豊かさをあらわすものではない、と指摘されてから何十年もたつにもかかわらずGDP一点張りが日本である。改修と称して川を破壊したらGDPアップ、そして批判を浴び元に戻したらＧＤＰはまた上がる。建築基準をごまかして設計して建設、建て直してまたＧＤＰ増加。日本の高いＧＤＰというのはこういった馬鹿げた事業の結果が多い。主婦が家で料理するとＧＤＰには計算されず、弁当屋の料理を買えばＧＤＰを大きくする。主婦が年老いた親を家で世話すればＧＤＰゼロで、老人ホームで世話すればＧＤＰに貢献するのである。長野県の天然水を瓶詰めにすればＧＤＰに貢献する。これは環境汚染が進めばＧＤＰが増えることを示す。あなたの家庭菜園の大根が大豊作で魚釣り趣味の隣家からいつも魚をもらっているお返しに大根をプレゼントしたとする。生産していることはたしかだが、ＧＤＰとはなにも関係がない。

つまり、ＧＤＰとは市場で交換された商品だけが計算されたものである。このように欠陥の多いＧＤＰという概念が、いまだに政治・経済を動かしているのは、資本家にとって好都合だからだろう。そしてそのお先棒を担ぐ経済学者が多いということだろう。日本の人口減少を嘆く人々は、ＧＤＰ減少を恐れているのである。しかし、幸福とはあまり関係のないＧＤＰの減少を恐れる必要はない。日本の人口が減りつつあるのは嘆くことではなく、国土が狭い以上、もちろんありがたいことである。

雇用問題

用心しなければならないのは、高齢者の割合が増えたのを支えるために、大勢の外国人労働者の移民を認めよ、という新聞などマスメディアのキャンペーンである。経済界は、日本人はきつい仕事に従事したがらないから穴埋めに外国人を雇う必要がある、と主張し日本経済新聞などが同調している。その主張は、「国際化」「人道主義」などのオブラートでくるんでなされている。しかし、経済界は「きつい仕事を、安い労賃で」させたいという理由で外国人をつかっているだけである。現在、日本には失業者は三百万人もいるのである。規制緩和は戦後六〇年もかけて労働運動がかちとってきた雇用条件をご破算にした。仕事がしたくてもパートや契約の職しか用意されていないのである。きつくても給料がよければ、人材はいくらでもいるはずだ。こうして、若者たちは規制緩和によって最大の被害を受けた。「再チャレンジに機会を」などと政府はいっていたが、そもそも高卒や学卒の最初の就職さえままならないのである。

さて、移民を送り込む国は減った分だけまた人口を増加させるから、移民の受け入れは、世界人口の増加を手助けする。人口の増加を促すような政策は、断固とるべきではない。人口が増えれば、環境がそれだけ破壊され、一部の人々を救うのでなく、全世界の人々が悲惨な目に遭うだろう。日本国内では、日本人と外国人との間でトラブルが増加するだろう。

労働人口減少の対策としては、女性と元気な高齢者が働けるように、社内に託児所を作るとか、週三日労働や一日五〜六時間というように労働時間をフレキシブルにすればすむ。高齢者全員に、フルの年金生活をさせようとするからむずかしいのだ。求人の需要が小さければ、仕事を分割し、一人あたりの給料を安くすればよい。生活水準を下げること以外に、生活の長期的な安定は求められない。

高齢者は働くことによって健康を維持し、医療費の国家支出軽減に役立つだろう。それより、まず、高齢者の定義を六五歳から七五歳に引き上げれば、高齢者の割合が減る！　六五歳から高齢者と定義するので、私より若い友人までが、「もうそろそろ仕事をやめて引退する」などと言い出すのだ。

美しい日本への回帰を

われわれには、食料自給率百％だった江戸時代というよい見本がある。江戸時代は戦後の民主教育のお陰で最悪の時代のようにいわれてきたが、最近の三〇年間で大いに見直されてきた。江戸時代の終わりや明治維新の頃に、日本を訪問した外国人は、例外なく日本の景観の美しさを誉めそやし、人々の正直さ、親切さを賞賛している。労働はきつかったには違いないが、格差が小さければ人々は不幸とは感じないのだ。下層の武家はおかずにおいしい「おこうこ」が食べられれば幸せで、魚なぞめったに口に入らなかったらしい。江戸時代はリサイクル社会であり、公共の山林などの維持に努め、植林をおこない、盗伐など公共財を無断で利用した者は処刑された。そして、なにより、お金のかからないさまざまな遊びが発明された。梅、桜、ツツジ、アジサイなどの花見、紅葉狩りなどは今も残っているし、弁当持参で近郊へでかける家族のピクニックは健在のようだ。しかし、囲碁・将棋は衰退に向かっており、算額は廃れた。凧揚げ、こま回し、縄跳び、胴馬、陣取りなど身体を使う子どもの遊びはほとんど廃れてしまった。必ずしも同じものを復活させる必要はないだろうが、こういった金のかからない身体を使う遊びの復権が必要だ（もちろん、ＧＤＰはあがらないが！）。

＊

私が学生だった一九六〇年代、日本は貧しかったが、自然は豊かで京都の水はうまかった。私はあの時代のほうが好きだ。

初版あとがき

最近、ベジタリアン、つまり菜食主義者が増えている。ベジタリアンにもいろいろあって、哺乳類の肉を食べないが、鳥類・魚類は食べる人、肉は一切食べないが、鶏卵は食べる人、肉も鶏卵も食べないが乳製品は食べる人、動物性の食物は一切とらない人、と分類することができる。山内友三郎氏によると、英国では菜食主義者の割合は七％に達するといわれる。『動物の権利』などのベストセラーを著したピーター・シンガーという英国の生命倫理の哲学者の影響が大きいようだ。彼は、狭いところに閉じこめられ、一生太陽の光を拝むことさえできずに葬りさられるバタリー式のニワトリ飼育を告発した。彼はまた、ウシを飼育するために、熱帯の森林が伐採されて草原に転換されること、あるいは農地に転換して穀物を生産し、その穀物をウシに与えて肉を生産すること、こうして人間が直接消費すればウシを介して光合成を利用するより能率は五分の一に下がることを告発した。つまり、牛肉を食べるために、熱帯森林などが必要以上に伐採され、多くの種の生命が犠牲にされているわけである。安価なハンバーグや牛丼は、こういう犠牲の上に築かれているグルメ文化である。エビフライやエビ天は、日本人の大好物である。そして、その大量消費を支えるためにインドから東南アジアにかけて大面積のマングローブ林が切り開かれて、エビの養殖池に変わってしまったことは、本書で述べた。これが、日本のグルメを支えている現実である。マグロ、とくにクロマグロは絶滅の恐れさえあるのに、いまだに日本グルメの大本山である。

ご馳走はたまに食べるからご馳走である。現代日本のように、毎日毎日がグルメでは、身体に悪いだけでなく、熱帯降雨林やマングローブ、海洋など私たちがふだん見ていない場所での環境破壊を押し進めているのである。このような贅沢は最近のことである。私が子供の頃は、牛肉におめにかかるのはせいぜい月に一度くらいだったと記憶するし、エビなどほとんど食べた記憶がない。おからや、海苔の佃煮、お浸し、でんぶ、イワシ、シジミ、塩ジャケ、ちくわなどが常連だった。私の子供時代は戦争の後遺症が抜けきっていなかったからだといわれるかもしれないが、それ以前の食生活が贅沢だったわけではなさそうだ。『武家の女性』(山川菊栄著、岩波書店)によると、江戸時代の中級武士の家庭では、魚がおかずにつくことはまれだったらしい。ふだんの食事は、ご飯と「おこうこ」だったという。沢庵がうまければ、幸福だったのだ。

環境保全のためには、たしかにベジタリアンが望ましい。少なくとも植物性の食物にもっと重点を移す必要がある。食事を、私たちの「身体の要求」に任せていてはいけないことは、これまで繰り返し述べた。私たちの身体は、うまいもの(つまり、アミノ酸)、甘いもの(つまり糖)を際限なく求めるのである。昔は環境がこういったご馳走を遮断してくれたが、文明社会では個人の自制しかない。

日本人は、「一寸の虫にも五分の魂」というように、万物に優しい心をもっていた。大木を見れば木の精を感じ、深い森には畏怖を覚えた。ヒトと動物を不連続と見なさないのも、日本のあるいは東洋の哲学とされてきた。そういった精神をもっているはずの日本人が、山を切り崩し、海岸を埋め立て、清流にはダムをつくり続ける。そこに住む動植物には一顧だにしない。そう遠くない将来、人間の人口は一〇〇億に達すると予想されている。先端技術を生みだして、それで安い食料を外国から輸入するという方式はいつまでも通用するとは思われない。このような事態が続けば、いずれわれわれは飢餓地獄を招来して、断罪されるだろう。市場経済一辺倒を見直し、山河を、一木一草をいつくしむ日本のよき伝統を見直す時期にきていると思う。そのためには、生活水準を下げなければならない。

本書は、月刊『栄養と料理』(女子栄養大学出版部)に一九九九年一月から二〇〇〇年一二月までの二年間連載した「動物の〈食べる〉に学ぼう」に書き足して、でき上がったものである。一回五枚で二四回だから一二〇枚にしかならない。毎月五枚でまとめるには、ある程度思いきって内容を限ったり、省略する必要があった。連載を企画し、内容にも適切な助言をいただいた同誌の編集者高木真佐子さんに、まず厚く御礼を申し上げる。暇なときは愉しい仕事だったが、忙しい時期には締め切りを忘れそうになった。たいへんほめじょうずな方で、おだてに乗って二年間をなんとか乗り切れた。彼女の強い勧めがなかったら連載がなく、したがって本書も世に出なかったことは間違いない。

次に、たいへんな熱意をもって、本書の出版にこぎつけてくださった高橋裕三子さんに感謝したい。彼女の矢継ぎ早の催促がなければ、本書の出版は数年後になっていただろう。今回、本にするにあたって、雑誌執筆時にあきらめて捨てた部分を戻したり、書き加えたりした。いくつかの章は、今回新たに書き下ろしたものである。高橋さんには、連載当時から興味をもっていただいたうえに、書き加えるべきことについて、たくさん示唆をいただいた。小見出しの大部分は彼女がつけてくれたし、わかりやすくなるよう多くのコメントをいただいた。

鈴木一憲博士と中務真人博士には、コロブス類の胃解剖学と用語について懇切なご指導をいただいた。阪本寧男博士と北西功一博士には、写真をご提供いただいたうえに、いくつかの食物について現地での食べ方をご教示いただいた。伊澤紘生博士、田中二郎博士、塙狼星氏、西豊行氏には、写真をご提供いただいた。寺嶋秀明博士には、甘味食物について、文献と、現地での食べ方をご教示いただいた。川端眞人博士には、DITについて文献をご教示いただいた。上原重男博士には、文献のご教示を、上原茂世氏には植物の美しいイラストをご提供いただいた。これらの方々に、心から感謝する次第である。

毎週のようにゼミの日のあとは、私は院生たちに「いっしょに夕食を食べましょう」といって誘われる。このときいつも悩むのである。学生といっしょに食べるのも愉しいが、外で食べるメシより家で女房が作ってくれるメシの方がなんぼかうまいからである。わざわざ、金を出してまずいメシを食うというのは、割に合わない。といって学生とつき合わないのも気が引ける。その結果は容易にわかるように、二回に一回しかつき合わない、ということになる。学生たちは、私が悩んでいることを知らない。ゼミのあと、彼らが迎えに来る小一時間の間に、私は悩んだ末に「決断を下ろして」いるからである。本書は、うまいメシを長年作り続けてくれた女房殿に捧げたい。

新版のあとがき

女子栄養大学出版部から発行された初版は二年間で売り切れたが、その後重版されないままになっていた。このたび、京都大学学術出版会の鈴木哲也さんから再版の提案があり、ありがたくお受けした。私の書いた本の中では最も歓迎され、「おもしろかった」とお褒めをいただくことが多かった本なので喜びはこの上ない。

初版出版から七年もたち、食物の問題はますます深刻になっている。あいもかわらず、テレビは「世界一長い流しそうめん」を作ってギネスブックに載せようとする田舎町の試みや「ホットドッグ大食い競争世界ナンバーワン」の青年を放映したりして、食物が無駄に消費されていることにまったく無関心である。賞味期限が切れた食物を販売したかどで叩かれている企業が多いが、食べられるギリギリまで捨てずに食べるのは人間の当然の義務である。「賞味期限」が切れても食べられるのだから売ってもよいではないか。そもそも賞味期限を早めに設定したのは、売れ残りを捨ててもらい新品をもっと買ってもらおうという商魂の仕業だから自業自得ではあろうが、食べられるものは売るということ自体はまともな感覚である。新聞・テレビがそういう意見をまったくのせないのは驚きとしかいいようがない。日本のマスコミは最も重要なことを自分で考える能力を失っているかのようである。

一方、母親が朝ごはんを用意してくれないので朝飯抜きの子ども、毎日コンビニの弁当をあてがわれる子ども、両親の帰宅が遅く一人で夕食を取る子ども、といった食の非社会化は子どもの養育にとってますます大きな問題となってきた。

この機会に書き加えた部分は、第6章（〝変わった〟食べ物いろいろ）と第7章（食の現在）である。第7章は二章にわけ、第7章（ヒトの食行動）第8章（食の現在）とした。

日本は食料を完全に自給自足していた江戸時代の誇るべき伝統を忘れ、安ければよいと、遠い外国から無駄に石油を使って、食料を運びこんでいる。長年培われた農地開墾や農業生産の技術や技能が急速に失われつつある。それで、「食の現在」を書き足す必要があった。現在の大人口を養うには、先端技術による工業製品の輸出も必要だろうが、それに一方的に依存するのではなく、食物自給の割合を高めるように政策を変更すべきだ。

第6章（〝変わった〟食べ物いろいろ）については、昆虫食に少し書き加えをおこない、タンガニイカの魚の味を新しくつけ加え、ヒトによるサル食を新たに追加した。また、より多くの楽しみを味わってもらうため、図、写真、参考文献も追加したので文字通り「新版」である。読者のさらなる支持が得られることを期待している。

初版について中川尚史さんと中村美知夫さんが書いてくださった書評は参考にして一部書き直した。新版の原稿全体については京都大学学術出版会の高垣重和さんから有益なコメントをいただき訂正した。また、新たに書き加えた部分については、稲葉あぐみさんに読んでもらいいくつか表現を改めた。高垣順子さんと座馬耕一郎さんには写真を提供いただいた。これら六人の方に感謝する。

本書には私自身の観察もかなり含まれているが、それらは日本学術振興会の科学研究費補助金（基盤研究A：二〇〇一〜二〇〇七など）による調査によって得られたものである。また、環境問題についての論考は、環境省の地球環境研究総合推進費（F-061）による文献探索のお陰を蒙っている。ここに深甚の謝意を表する。

雪の高野川畔から、ヒドリガモ、オナガガモ、マガモ、コガモ、キンクロハジロを確認しつつ

西田利貞

二〇〇八年二月一〇日

内橋克人 2006.『＜節度の経済学＞の時代』朝日新聞社
渡辺斉 2007.「食事から生活習慣病を防ぐ」大東肇・中井吉英（編）『味覚が与えてくれる安らぎの暮らし』, pp.97-118.
高橋英一 2007.「京の食文化に思う」大東肇・中井吉英（編）『味覚が与えてくれる安らぎの暮らし』, pp.33-63.
［炭酸ガス排出］
江沢誠 2005.『京都議定書再考！』新評論
［美しい日本］
西田利貞 2007.『人間性はどこから来たか』京都大学学術出版会
丸山順次・宮浦富保（編）2007.『里山学のすすめ』昭和堂

567-594.
2　朝食は重要か？
［ニホンザルの食事回数］
岩野泰三・四元伸子・西田利貞 1971. ニホンザルの日周活動リズム――予報,『人類学雑誌』79：128-138.
Yotsumoto N 1976. The daily activity rhythm in a troop of wild Japanese monkeys. *Primates* 17 : 183-204.
［チンパンジーは、午前と午後の2回、サトウキビを食べに来た］
西田利貞 1972. 野生チンパンジーの道具使用 ,『自然』27（8）：41-47.
3　カニはなぜうまいのか？
［キュート・レスポンス、超正常刺激］
ティンバーゲン, ニコラス（永野為武訳）1975.『本能の研究』三共出版
4　“食べる” ために生きる
［分類学と収集癖の適応的意義］
Humphrey NK 1973. The illusion of beauty. *Perception* 2 : 429-439.
Humphrey NK 1976. The social function of intellect. In: *Growing Points in Ethology*, Bateson PPG & Hinde RA（eds.）, Cambridge Univ Press, Cambridge, pp.303-321.

第8章　食の現在――現代文明と食生活

［日本人の飽食］
西田利貞 2007.「生物多様性保全と日本の役割」『（財）日本モンキーセンター年報平成 18 年度』pp.66-73.
本山美彦 1990.『環境破壊と国際経済』有斐閣
渡辺弘之 2007.『熱帯林の恵み』京都大学学術出版会
［自由貿易と規制緩和］
伊庭みか子・古沢広祐（編）1993.『ガット・自由貿易への疑問』学陽書房
スーザン・ジョージ（杉村昌昭訳）2002.『WTO 徹底批判』作品社
ジョゼフ・スティグリッツ（鈴木主税訳）2002.『世界を不幸にしたグローバリズムの正体』徳間書店
内橋克人 2006.『もうひとつの日本は可能だ』文芸春秋社
［なぜ食料を自給しなければならないか］
ガレット・ハーディン（竹内靖雄訳）1983.『サバイバルストラテジー』思索社
槌田敦 2007.『弱者のための「エントロピー経済学」入門』ほたる出版
菊池勇夫 2000.『飢饉―飢えと食の日本史』集英社

Primatol 8 : 255-257.
[コンゴ森林のグエノンは稚魚をすくいとって食べる]
Zeeve SR 1985. Swamp monkeys of the Lomako Forest, Central Zaire. *Primate Conserv* 5 : 32-33.
[森林の住民のかい出し漁]
Pagezy H 1993. The importance of natural resources in the diet of the young child in a flooded tropical forest in Zaire. In: Tropical Forests, *People and Food*, Hladik CM *et al.* (eds.), UNESCO, Paris, pp.365-380.
Takeda J, Sato H 1993. Multiple susbsitence strategies and protein resources of horticulturalists in the Zaire Basin: the Ngandu and the Boyela. In: *Tropical Forests, People and Food*, Hladik CM *et al.* (eds.), UNESCO, Paris, pp.497-504.
5　サルを食べるヒト
Kuchikura, Y 1988. Efficiency and focus of blowpipe hunting among Semaq Beri hunter-gatherers of Penninsular Malaysia. *Human Ecol* 16:271-305.
Peterson D, Amman K 2003. *Eating Apes*, University of California Press, Berkeley.

第７章　ヒトの食行動――ヒトの食べるを考えよう

1　最初の人類を作った食物
[人類進化の狩猟説]
Dart RA 1953. The predatory transition from ape to man. *Int Anthrop. Ling. Rev.* 1 : 201-208.
Darwin C 1871. *The Descent of Man and Selection in Relation to Sex*. John Murray, London.
[人類進化の種子食説]
Jolly CJ 1970. The seed eaters: A new model of hominid differentiation based on a baboon analogy. *Man* 5 : 5-26.
[人類進化の植物地下器官説]
Hatley T, Kappelman J 1980. Bears, pigs, and plio-pleistocene hominids: A case for the exploitation of belowground food resource. *Human Ecology* 8 : 371-187.
Mann AE 1972. Hominid and cultural origins. *Man* 7 : 379-386.
西田利貞 1974. 道具の起源,『言語』3：1084-1092.
[植物地下器官の料理説]
Pennisi E 1999. Did cooked tubers spur the evolution of big brains? *Science* 283 : 2004-2005.
Wrangham RW, Jones JH, Laden G, Pilbeam D, Conklin-Brittain NC 1999. The raw and the stolen : Cooking and the ecology of human origins. *Curr Anthrop* 40(5):

[下北のニホンザルは樹皮を食べる]

Izawa K, Nishida T 1963. Monkeys living in the northern limits of their distribution. *Primates* 4 : 67-88.

[マハレのチンパンジーは樹皮を食べる]

Nishida T 1976. The bark-eating habits in Primates, with special reference to their status in the diet of wild chimpanzees. *Folia Primatol* 25 : 277-287.

[北方民は救荒食として樹皮に依存]

Watanabe H 1969. Famine as a population check. Comparative ecology of northern peoples. *J Fac Sci Tokyo Univ, Sec* V, vol 3, part 4, pp. 237-252.

4　土を食べる

[土食の目的はミネラルではない]

Hladik CM 1977. A comparative study of the feeding strategies of two sympatric species of leaf monkeys: *Presbytis senex and Presbytis entellus*. In : *Primate Ecology*, TH Clutton-Brock（ed.）, pp.324-353, Academic Press, London.

[土食の毒物吸着説]

Oates JF 1978. Water-plant and soil consumption by guereza monkeys（*Colobus guereza*）: a relationship with minerals and toxins in the diet. *Biotropica* 10 : 241-253.

[土食のアシドーシス緩和説]

Davies AG 1988. Soil-eating by red leaf monkeys（*Presbytis rubicunda*）in Sabah, Northern Borneo. *Biotropica* 20 : 252-258.

[嵐山のサルの土食]

井上美穂 1987. 嵐山野猿公園におけるニホンザルの土食について,『霊長類研究』3 : 103-111.

Wakibara J 2000. The adaptive significance of geophagy in food-enhanced free-living Japanese macaques *Macaca fuscata* at Arashiyama, Japan.（京都大学大学院理学研究科生物科学専攻修士論文）

5　魚を食べるサル

[ニホンザルは貝を食べる]

Izawa K, Nishida T 1963. Monkeys living in the northern limits of their distribution. *Primates* 4 : 67-88.

[幸島のサルが魚を食べ出した]

Watanabe K 1989. Fish: A new addition to the diet of Japanese macaques on Koshima Island. *Folia Primatol* 52 : 124-131.

渡辺邦夫 1983. 魚を食うサル,『モンキー』27（5-6）: 24.

[チャクマヒヒは水中に潜って魚を捕る]

Hamilton WJ III, Tilson RL 1985. Fishing baboons at desert waterholes. *Am J* (insecta: Mecoptera). *Am Nat* 110 : 529-548.

第6章" 変わった"食べ物いろいろ

1　糞は栄養に富んでいる

[前胃発酵動物と盲結発酵動物]
中川尚史 1999.「食の生態学」,『霊長類学を学ぶ人のために』(西田利貞・上原重男編), pp.50-92, 世界思想社 .
[マンガベイはゾウの糞から食物を得る]
Ekondzo D, Gautier-Hion 1998. An elephant dung: A food source for the crested mangabey *Cercocebus galeritus*. *African Primates* 3 : 41-42.
[ゾウが自分のウンチを食べる]
Guy PR 1977. Coprophagy in the African elephant (*Loxodonta africana* Blumenbach). *E Afr Wildl J* 15 : 174.
[ゴリラの糞食]
Harcourt AH 1978. Coprophagy by wild mountain gorilla. *E Afr Wildl J* 16 : 223-225.
[糞食はビタミン B_{12} 摂取のため]
Oxnard CE 1966. Vitamin B_{12} nutrition in some primates in captivity. *Folia Primatol* 4 : 424-431.

2　昆虫という食物

[ヒトの食べ物としての昆虫の役割]
Bodenheimer FS 1951. *Insects as Human Food*. W. Junk, The Hague.
日高敏隆監修・日本 ICIPE 協会編 2007.『アフリカ昆虫学への招待』京都大学学術出版会
松香光夫・栗林茂治・梅谷献二 1998.『アジアの昆虫資源』農林統計協会
野中健一 2007.『虫食む人々の暮らし』日本放送出版協会
[霊長類がサソリを食べるテクニック]
Hladik CM 1981. Diet and the evolution of feeding strategies among forest primates. In : *Omnivorous Primates*, Harding, RSO & Teleki G (eds.), Columbia Univ Press, New York, pp.215-254.
[ロリスとポトは"食べられない"無脊椎動物を食べる]
Charles-Dominique 1977. *Ecology and Behavior of Nocturnal Primates*. Columbia Univ Press, New York.

3　救荒食としての樹皮

[樹皮の解剖学と生理学]
Dimbleby G 1967. *Plants and Archaeology*. Baker, London.
Thomas P 2000. *Trees: Their Natural History*. Cambridge Univ Press, Cambridge.

Stryer KB 1995. Menu for a monkey. In : *The Primate Anthology*, Ciochon RL & Nisbett RA（eds.）, Prentice-Hall, Inc, Upper Saddle River, NJ, pp.180-191.
[熱帯降雨林の可能性]
プロトキン, マーク（屋代通子訳）1999.『シャーマンの弟子になった民族植物学者の話』築地書館

第５章　肉の獲得と分配──ごちそうを賢く手に入れる

1　肉食するサル

Butynski TM 1982. Vertebrate predation by primates : a review of hunting patterns and prey. *J Human Evol* 11 : 421-430.
Harding RSO, Teleki G（eds.）1981. *Omnivorous Primates*. Clumbia University Press, New York.
Hasegawa T, Hiraiwa-Hasegawa M, Nishida T, Takasaki H 1983. New evidence of scavenging behavior of wild chimpanzees. *Curr Anrop* 24 : 231-232.
Lee RB, DeVore I（eds.）1976. *Kalahari Hunter-Gatherers*. Harvard University Press, Cambridge, Mass.
Stanford CB 1999. *The Hunting Apes*. Princeton University Press, Princeton.

2　チンパンジーのコロブス狩り

Hosaka K, Nishida T, Hamai M, A Matsumoto-Oda, Uehara S 2002. Predation of mammals by the chimpanzees of the Mahale Mountains, Tanzania. In: *All the Apes Great and Small*, Galdikas B *et al.*（eds.）, Kluwer Academic Publishers.
Uehara S, Nishida T, Hamai M, Hasegawa T et al. 1992 Characteristics of predation by the chimpanzees in the Mahale Mountains national Park, Tanzania. In: *Topics in Primatology* vol. 1, Nishida T *et al.*（eds.）, University of Tokyo Press, Tokyo, pp.143-158.
Uehara S 1986.Sex and group difference in feeding on animals by wild chimpanzees in the Mahale Mountains National Park, Tanzania. *Primates* 27: 1-13.
Stanford CB 1998. *Chimpanzee and Red Colobus*. Harvard Univ Press, Cambridge, Mass.

3　見返りを期待する？

西田利貞・保坂和彦 2001.「霊長類の食物分配」, 西田利貞（編）『生態人類学講座 8　ホミニゼーション』京都大学学術出版会
西田利貞 1994.『チンパンジーおもしろ観察記』紀伊國屋書店
Nishida T, Hasegawa T, Hayaki H, Takahata Y, Uehara S 1992. Meat-sharing as a coalition strategy by an alpha male chimpanzee? In *Topics in Primatology*, vol. 1, Nishida T *et al.*（eds.）, University of Tokyo Press, Tokyo, pp.159-174.
Thornhill R 1976. Sexual selection and nuptial feeding behaviour in *Bittacus apicalis*

[コカイン、ニコチン、タンニン]

Schmidt-Nielsen K 1997. *Animal Physiology* (5th ed.). Cambridge University Press, Cambridge.

3　チンパンジーの薬①

[チンパンジーがアスピリアの葉を呑み込む]

Wrangham RW, Nishida T 1983. *Aspilia* spp. leaves. A puzzle in the feeding behavior of wild chimpanzees. *Primates* 24 : 276-282.

[バンツーの民族薬学]

Watt JM, Gerdina M 1962. *The Medicinal and Poisonous Plants of Southern and Eastern Africa* (2nd ed.). E & S Livingstone Ltd, Edingburgh.

[ザラザラした葉で寄生虫を追い出す]

Huffman MA 1997. Current evidence for self-medication in Primates: A multidisciplinary perspective. *Yb Phys Anthrop* 40 : 171-200.

4　チンパンジーの薬②

[病気のチンパンジーがベルノニアの葉を呑み込む]

Huffman MA, Seifu M 1989. Observations on the illness and consumption of a possible medicinal plant *Vernonia amygdalina* by a wild chimpanzee in the Mahale Mountains National Park. *Primates* 30 : 51-63.

[ベルノニアの分析]

Jisaka M, Ohigashi H, Takegawa K, Huffman MA, Koshimizu K 1993. Antitumor and antimicrobial activities of bitter sesquiterpene lactones of *Vernonia amygdalina*, a possible medicinal plant used by wild chimpanzees. *Biosci Biotech Biochem* 57 : 833-844.

5　動物たちが使う薬

[スイギュウ、イノシシ、サイ、ヒグマの薬?]

Janzen DH 1978. Complications in interpreting the chemical defenses of trees against tropical arboreal plant-eating vertebrates. In: *The Ecology of Arboreal Folivores*, Montgomery GG (ed.), Smithsonian Institution Press, Washington DC, pp.73-84.

[チャクマヒヒの薬?]

Hamilton WJ III, Buskirk RE, Buskirk WH 1978. Omnivority and utilization of food resources by chacma baboons, *Papio ursinus*. *Am Nat* 112 : 911-924.

[マントヒヒの薬?]

Phillips-Conroy JE 1986. Baboons, diet and disease: Food selection and schistosomiasis. In : *Current Perspective in Primate Social Dynamics*, Taub DM & King FA (eds.), Van Nostrand Reinhold, New York, pp.287-304.

[ホエザルの雌雄産み分け?]

Pentadiplandra brazzeana Baillon. *Chemical Senses* 14 : 75-79.

2　動物によって味覚は違う

［ミラクリンやタウマチンに対する感受性と霊長類の系統］

Glaser D, Hellekant G, Brouwer JN, van der Wel H 1978. The taste responses in Primates to the proteins Thaumatin and Monellin and their phylogenetic implications. *Folia Primatol* 29 : 56-63.

Hellekant G, Glaser D, Brouwer JN, van der Wel H 1981. Gustatory responses in three prosimian and two simian primate species（*Tupai glis, Nycticebus coucang, Galago senegalensis, Callithrix jacchus and Saguinus midas niger*）to six sweetners and miraculin and their phylogenetixc implications. Chemical Senses 5 : 165-173.

二ノ宮裕三 1993. 味覚の受容・情報伝達 , *JOHNS* 9（8）:1285-1291.

二ノ宮裕三 1993. 味覚と食物の好み ,『歯界展望』81（5）:1107-1117.

［キニーネやフェニールチオカーバマイドに対する感受性の相違］

Kalmus H 1970. The sense of taste of chimpanzees and other primates. In: *The Chimpanzees*, Vol.2, pp. 130-141, Karger, Basel.

3　チンパンジーの食物の味

Nishida T, Ohigashi H, Koshimizu K 2000. The tastes of chimpanzee plant foods. *Curr Anthrop* 41 : 431-438.

4　どれくらいの低濃度まで味を感じるか

Hladik CM, Simmen B 1996. Taste perception and feeding behavior in nonhuman primates and human populations. *Evol Anthropol* 5 : 58-71.

第４章　薬の起源──生物間の競争が薬を生む

1　食べ物としての葉

［葉は植物の化学工場］

Harborne JB 1993. *Introduction to Ecological Biochemistry*（4th ed.）. Academic Presss, London.

［タンニンの元来の機能］

Rozema J, van de Staaij J, Bjorn LO, Caldwell M 1997. UV-B as an environmental factor in plant life : stress and regulation. *TREE* 12 : 22-28.

2　薬の起源は二つある

［腐敗は微生物が生きるための戦略、抗生物質］

Janzen DH 1977. Why fruits rot, seeds mold, and meat spoils. *Am Nat* 111:691-713.

［エフェドリン、ジギタリス］

テイラー, N（難波恒雄 , 難波洋子訳）1972.『世界を変えた薬用植物』創元社

Janzen DH 1971. Seed dispersal by animals. *Ann Rev Ecol Syst* 2 : 465-492.
［マハレ山塊国立公園の種子散布者］
西田利貞 1994.『チンパンジーおもしろ観察記』紀伊國屋書店
3　チンパンジー向けに進化した果実
［チンパンジーとヒトだけの果実］
西田利貞 1994.『チンパンジーおもしろ観察記』紀伊國屋書店
［チンパンジーの消化管を通った種子の方が発芽率が高い］
Takasaki H 1983. Seed dispersal by chimpanzees: A preliminary note. *Afr Study Monogr* 3 : 105-108.
［50万年前のチンパンジーの化石］
McBrearty S, Jablonski NG 2005. First fossil chimpanzee. *Nature* 437: 105-108.

第3章　味覚の不思議――なぜ甘いものに惹かれるか

1　甘味を演出する植物
［ミラクリン］
Brouwer JN, Glaser D, Hard AF, Aegerstad C, Hellekant G, Ninomiya Y, van der Wel H. 1983. The sweetness-inducing effect of miraculin; Behavioural and neurophysiological experiments in the rhesus monkey *Macaca mulatta. J Physiol* 337 : 221-240.
［ミラクルフルーツ、タウマトコックス、デイオスコレオファイラム、ギムネマ］
Burkill HM 1985. *The Useful Plants of West Tropical Africa.* Vol. 1（A-D）. Kew : Royal Botanic Gardens.
Burkill HM 1997. *The Useful Plants of West Tropical Africa.* Vol. 4（M-R）. Kew : Royal Botanic Gardens.
Dalziel JM 1958. *Flora of West Tropical Africa.* Vol.1（2）. London: Crown Agents for the Colonies（1927-1936）.
Neuwinger HD 1994. *African Ethnobotany: Poisons and Drugs.* Chapman & Hall, London.
［生化学的な擬態］
Hladik CM 1993. Fruits of the rain forest and taste perception as a result of evolutionary interactions. In : *Tropical Forests, People and Food*, Hladik CM, Hladik A, Linares OF, Pagezy H, Semple A & Hadley M（eds.）, The Parthenon Publishing Group, Paris, pp.73-82.
［ペンタデイプランドラ］
van der Wel H, Larson G, Hladik A, Hladik CM, Hellekant G, Glaser D 1989. Isolation and characterization of pentadin, the sweet principle of

［霊長類の文化］

McGrew WC 1993. *The Chimpanzee Material Culture*. Cambridge Univ Press, Cambridge.

Nishida T 1987. Local traditions and cultural transmission. In:*Primate Societies*, Smuts BB, Cheney DL, Seyfarth RM, Wrangham RW, Struhsaker TT（eds.), Univ of Chicago Press, pp. 462-474.

［マハレとゴンベのチンパンジーの植物性食物の比較］

Nishida T, Wrangham RW, Goodall J, Uehara S 1983. Local differences in plant-feeding habits of chimpanzees between the Mahale Muntains and Gombe National Park. *J Human Evol* 12 : 467-480.

［ゴンベのチンパンジーのアブラヤシ利用］

Wrangham RW 1975. *The Behavioural Ecology of the Chimpanzees of Gombe*. Ph D. Diss.

［ボッソウのチンパンジーの採食技術］

Sugiyama Y, Koman J 1979. Tool-using and making behavior in wild chimpanzees at Bossou, Guinea. *Primates* 20 : 513-524.

Yamakoshi G, Sugiyama Y 1995. Pestle-pounding behavior of wild chimpanzees at Bossou, Guinea: A newly observed tool-using behavior. *Primates* 36 : 489-500.

Yamakoshi G 1998. Dietary responses to fruit scarcity of wild chimpanzees at Bossou, Guinea: possible implications for ecological importance of tool use. *Am J Phys Anthrop* 106 : 283-295.

［タイのチンパンジーの採食技術］

Boesch C, Boesch-Achermann H 2000. *The Chimpanzees of the Tai Forest*. Oxford Univ Press.

第２章　遺伝子の散布──食べられることは増えること

1　果実は食べてもらうためにある

［新熱帯の一部の大型果実の種子散布者は、もう絶滅した］

Janzen DH, Martin PS 1982. Neotropical anachronisms: the fruits the gomphoteres ate. *Science* 215 : 19-27.

［ドドとカルバリア］

Temple SA 1977. Plant-animal mutualism: Coevolution with Dodo leads to near extinction of plant. *Science* 197 : 885-886.

2　種子の散布者たち

［種子を散布させるために植物は果肉を作る］

Bodmer RE 1991. Strategies of seed dispersal and seed predation in Amazonian ungulates. *Biotropica* 23 : 255-261.

Fleagle JG 1999. *Primate Adaptation and Evolution.* Academic Press,New York.

［体重と食性の関係］

Kay RF 1984. On the use of anatomical features to infer foraging behavior in extinct primates. In: *Adaptations for Foraging in Nonhuman Primates*, PS Rodman & JGH Cand（eds.）, Columbia Univ Press, New York, p.21-53.

［バンブーキツネザルの生態］

Mittermeier RA, Tattersall I, Knstant WR, Meyers DM, Mast RB 1994. *Lemurs of Madagascar.* Conservation International, Washington DC.

3　小さな動物は消化が早い

［ライオンがチンパンジーを食べる］

Tsukahara T 1993. Lions eat chimpanzees. the first evidence of predation by lions on wild chimpanzees. *Am J Primatolrimatol* 29 : 1-11.

［電子顕微鏡によって体毛から、ヒト上科を見分ける方法］

Inagaki H, Tsukahara T 1993. A method of identifying chimpanzee hairs in lion feces. *Primates* 34 : 109-112.

［食物が腸を通過するのにかかる時間］

Lambert JE 1998. Primate digestion: Interactions among anatomy, physiology, and feeding ecology. *Evol Anthropol* 7:8-20.

4　食べたものの行く末

［シカやペッカリーなどアマゾンの果食性有蹄類が種子を食べる］

Bodmer RE 1989. Frugivory in Amazonian Artiodactyla: evidence for the evolution of the ruminant stomach. *J Zool Lond* 219 : 457-467.

Bodmer RE 1991. Strategies of seed dispersal and seed predation in Amazonian ungulates. Biotropica 23 : 255-261.

［葉食の進化］

Chivers D 1994. Functional anatomy of the gastrointestinal tract. In: *Colobine Monkeys: Their Ecology, Behavior and Evolution*, Davies G & Oates JF（eds.）, Cambridge Univ Press, Cambridge, pp. 205-228.

［消化と発酵］

Lambert JE 1998. Primate digestion: Interactions among anatomy, physiology, and feeding ecology. *Evol Anthropol* 7 : 8-20.

5　環境の小さな違いや偶然が行動の大きな違いを生む

［ニホンザルの食性が地方によって異なる］

川村俊蔵 1965. ニホンザルにおける類カルチュア ,『サル 社会学的研究』(川村俊蔵・伊谷 純一郎編), pp.237-89, 中央公論社

Suzuki S, Hill DA, Maruhashi T, Tsukahara T 1990. Frog and lizard-eating behavior of wild Japanese macaques in Yakushima. *Primates* 31 : 421-426.

参考文献

本書は一般向きに書かれたものであり、どなたがお読みになっても理解いただける内容である。だから、文献などあげる必要はないかもしれない。しかし、学生や研究者にも興味を持っていただけるかもしれない。また、もっと詳しくお知りになりたいかたもあるだろう。そのため、参考書をあげておく。

1. 全般

ここにあげる書物は、本書に出てくるさまざまな用語を解説するときに使った。

Lincoln R, Boxshall G, Clark P 1998. *A Dictionary of Ecology, Evolution and Systematics*. Cambridge Univ Press, Cambridge.

McFarland D（ed.）1981. *The Oxford Companion to Animal Behaviour*. Oxford Univ Press, Oxford.

Harborne JB 1993. *Introduction to Ecological Biochemistry*（4th ed.）. Academic Press, London.

星川清親 1970.『食用植物図鑑』女子栄養大学出版部

テイラー, N（難波恒雄 , 難波洋子訳）1972.『世界を変えた薬用植物』創元社

梅棹忠夫・金田一春彦・阪倉篤義・日野原重明（監修）1995.『日本語大辞典』講談社

高久史麿（監修）1992.『ステッドマン医学大辞典』メジカルビュー社

渡辺直経（編）1997.『人類学用語事典』雄山閣

2. 各章

第 1 章　食を決めるもの——食物ニッチ

1　大きな動物の小さな食べ物

［大きな動物が小さな食物に依存するための条件］

エルトン, チャールス（渋谷寿夫訳）1955.『動物の生態』科学新興社

2　大きなサルと小さなサル

［化石霊長類の系統と進化］

[や行]

[ら行]

[わ行, ん]

索　引

西田利貞（にしだ　としさだ）

（財）日本モンキーセンター所長。理学博士。1941年生まれ。1969年京都大学理学研究科動物学専攻博士課程修了。東京大学理学部助手、講師、助教授を経て、1988年より京都大学理学部動物学教室教授。2004年3月退官し、4月より現職。1965年以来、アフリカのタンザニアで野生チンパンジーの行動学的・社会学的研究に従事。ほかに、ニホンザル、ピグミーチンパンジー、アカコロブス、焼畑農耕民を研究。

【主な著書】
『野生チンパンジー観察記』（中央公論社)、『チンパンジーおもしろ観察記』(紀伊國屋書店)、『人間性はどこから来たか』(京都大学学術出版会)、『マルレのチンパンジー』(編著、京都大学学術出版会）などがある。2002年よりユネスコ・ユネップ大型類人猿保全計画（GRASP）パトロン。タンザニアでの研究の様子は『どうぶつ奇想天外！』(TBS）などのテレビ番組でも紹介されている。

新・動物の「食」に学ぶ　学術選書 037

2008 年 8 月 11 日　初版第 1 刷発行

著　　者…………西田 利貞
発 行 人…………加藤 重樹
発 行 所…………京都大学学術出版会

京都市左京区吉田河原町 15−9
京大会館内（〒 606−8305）
電話（075）761−6182
FAX（075）761−6190
振替 01000−8−64677
URL http://www.kyoto-up.or.jp

印刷・製本…………㈱太洋社
装　　幀…………鷺草デザイン事務所

ISBN978−4−87698−837−2

定価はカバーに表示してあります

学術選書［既刊一覧］

＊サブシリーズ　「心の宇宙」→[心]　「宇宙と物質の神秘に迫る」→[宇]　「諸文明の起源」→[諸]

001 土とは何だろうか？　久馬一剛
002 子どもの脳を育てる栄養学　中川八郎・葛西奈津子
003 前頭葉の謎を解く　船橋新太郎　[心]1
004 古代マヤ　石器の都市文明　青山和夫　[諸]11
005 コミュニティのグループ・ダイナミックス　杉万俊夫 編著　[心]2
006 古代アンデス　権力の考古学　関 雄二　[諸]12
007 見えないもので宇宙を観る　小山勝二ほか 編著　[宇]1
008 地域研究から自分学へ　高谷好一
009 ヴァイキング時代　角谷英則　[諸]9
010 GADV仮説　生命起源を問い直す　池原健二
011 ヒト　家をつくるサル　榎本知郎
012 古代エジプト　文明社会の形成　高宮いづみ　[諸]2
013 心理臨床学のコア　山中康裕　[心]3
014 古代中国　天命と青銅器　小南一郎　[諸]5
015 恋愛の誕生　12世紀フランス文学散歩　水野 尚
016 古代ギリシア　地中海への展開　周藤芳幸　[諸]7
017 素粒子の世界を拓く　湯川・朝永生誕百年企画委員会編集／佐藤文隆 監修
018 紙とパルプの科学　山内龍男
019 量子の世界　川合・佐々木・前野ほか編著　[宇]2
020 乗っ取られた聖書　秦 剛平
021 熱帯林の恵み　渡辺弘之
022 動物たちのゆたかな心　藤田和生　[心]4
023 シーア派イスラーム　神話と歴史　嶋本隆光
024 旅の地中海　古典文学周航　丹下和彦
025 古代日本　国家形成の考古学　菱田哲郎　[諸]14
026 人間性はどこから来たか　サル学からのアプローチ　西田利貞
027 生物の多様性ってなんだろう？　生命のジグソーパズル　京都大学総合博物館 京都大学生態学研究センター編
028 心を発見する心の発達　板倉昭二　[心]5
029 光と色の宇宙　福江 純
030 脳の情報表現を見る　櫻井芳雄　[心]6
031 アメリカ南部小説を旅する　ユードラ・ウェルティを訪ねて　中村紘一
032 究極の森林　梶原幹弘
033 大気と微粒子の話　エアロゾルと地球環境　笠原三紀夫 東野 達 監修
034 脳科学のテーブル　日本神経回路学会監修／外山敬介・甘利俊一・篠本滋編